大都會文化
METROPOLITAN CULTURE

大都會文化
METROPOLITAN CULTURE

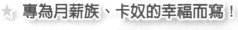

★ 專為月薪族、卡奴的幸福而寫！
★ 新世代年輕人成家、理財必讀！

幸福家庭的理財計畫

我的幸福
來自於妻子無悔的支持
和女兒貼心的關懷
為了家人的幸福面孔

擬定**10**年的理財計劃
勢在必行！

柳平昌◎著

聰明理財　邁向幸福天堂

　　筆者在銀行和保險公司各服務了十一年和五年，因而結識許多顧客。作為顧客資產管理諮商師、壽險顧問、財務規劃師，有意無意間，我已深深地參與了他們的生活，有時候激動、有時候心痛地和他們一起哭一起笑。這麼多財務諮商案例中，心中的某個角落總是百思不解，「為什麼他們一直夢想著經濟上的自由，卻沒辦法好好存下錢，寬裕的過生活呢？」。

　　面對靠著薄薪勉強生活的平凡上班族時，這樣的遺憾和疑問更加強烈。比起夢想成為動輒進出億元的大富豪，他們其實更憧憬的是，能夠和家人一起舒舒服服地過日子的經濟自由。

　　他們比別人還認真工作，努力節儉而且也做儲蓄；四處收集理財的資訊，也很認真地盡己所能在理財，但是他們距離所期望的經濟自由還是非常遙遠。再怎麼樣死命地認真奮鬥，連存點老本都十分費力；縱使存了點錢，卻因投資時機或者標的選擇錯誤，憑空化為烏有的狀況也很

多。為什麼？為什麼一再重覆這樣的惡性循環？

　　近距離守護他們的同時，筆者對此現實感到莫名的難過，在他們辛酸的努力追求夢想之際，總想提供點什麼幫助。本書「幸福家庭的理財計劃」正是由這樣的遺憾為出發點而寫的。

　　近年來理財議題勃興，不管是用哪種方式，許多人已懂得極力提升自我理財技巧的重要性。每年年初訂定年度理財計劃，認真上網蒐集資訊，進出銀行和證券公司，或者約見財務顧問接受諮商；更勤奮者，還上法拍會或是到處去看新推建案。然而經歷幾次的小失敗之後，很容易失去自信心，變得意志消沈，對沒有特別成效的事物失去興趣，因為種種藉口而悶悶
不樂。

　　即便如此，聽到說某某人因何而賺了多少錢、誰在哪裡買了房子、誰的土地增值大賺一筆等等，又激動不已懷疑人家的狗屎運，不然就是垂頭喪氣地自怨自艾。因為渴望變

得富有，而對有錢人懷有微妙的嫉妒心和敵對感。

這樣的人面臨的最大危機，並非是身邊積蓄太少沒有收入，而是他們忽略了，最嚴重的問題點事實上是，只要是人的話，任誰都是處在可能經歷一般生活上的風險，卻幾乎無防備的狀態。舉例來說，家中某一個人得了重病時，為了張羅健保不給付的新藥、昂貴療程與看護費用，勢必背負龐大的開銷，一瞬間全家人全都站在可能淪為貧民的經濟薄冰之上。不正確的金錢觀、理財哲學，對於投資的知識不足，以及面對未來沒有具體經濟上的準備，才是他們所面臨最為「切身」的危險。

「為什麼他們不停地渴求經濟上的自由，卻連老本都無法順利存下來呢？」筆者從事金融業十數年來，對於這個疑問，直到現在才稍微有了能夠解開它的答案線索。正是因為這個理由，決心寫下這本書。

理財並非猜出藏在彩虹那頭的樂透數字，更不是盲目的投資像算命師卜卦一樣的高手所提供的高收益商品。暗自希望，這本書能夠打破人們對金錢所抱持的幻想。

縱然金錢的存在僅僅是眾多進入幸福之門的墊腳石之一，最終無法成為幸福本身，筆者深信，若能夠收起對金錢所懷的非現實幻想的話，從那一瞬起，引領我和我的家人朝向幸福生活的成功理財技巧才是真實有用的，我堅信

此書「幸福家庭的理財計劃」能夠成為實現夢想的力量。

本書是為了所有想要給家庭幸福的人們而寫的，透過主角千東基代理的家庭，述說雖不偉大但很珍貴的「一個家庭的夢想」。

編織這齣現實的連續劇，是為了以微不足道的月薪守護家庭，每天大清早揉著愛睏的眼睛上班的新世代一家之主，為了能夠實質幫助他們實現幸福和夢想。舉凡是大家周遭常發生的誤觸投資陷阱慘遭詐欺，到盲目的股票操作、為好友作保而債務上身、樂透的虛幻夢想、不速配的兼差等劇情，都赤裸裸地在戲裡登場。

透過主角的太太，使出「歐巴桑的力量」，為了控管家計收支，默默地將先生薄薪詳詳細細記錄在家計簿上，錙銖計較，任誰都會平靜地受到感動。始終信任唐吉訶德

般的先生，欣然地與先生同甘共苦，即使枕邊人一敗塗地也都給予溫柔擁抱的多情太太，她的模樣是無盡的美。

　　主角的舊時故友許世萬這個人物也給了大家很多教訓，超過分寸的生活和忙碌，忽略了顧好珍貴的身體，以致於最後得了重病，過往的財富也都耗盡。這位一家之主的不幸下場，是自以為是的富家子弟血淋淋的教訓。

　　主角的職場上司高尚杜課長，是同事們眼中的吝嗇鬼，在職場上受到排擠，但和外表不一樣的他，比誰都更徹底實踐理財任務，預見了退出職場後可能面臨的悲哀，早早有所準備，並得以享受經濟自由，是這個時代裡的標準經濟

人。

　　還有透過提供主角合理性的財務計劃和定期檢討，幫助主角達成經濟目標的人生夥伴，保險公司的尹理貞顧問。她提出的建議，考慮到千東基家人的生活方式，訂定儉樸卻又健康的財務計劃，使其能夠成功達到目標。可說是財務服務專員，也是幸福家庭的服務專員。

　　我認為，就家庭和睦相愛與幸福來說，金錢是負面變數，必須很認真地看待與處理，因此全家人都要以健康的身體來努力，平凡的家庭和中產階層若能夠確實獲得基本的經濟力的話，達成幸福目標一定完全沒有問題。

　　　　　　　　　　　　　　　　　　　柳平昌

■目 錄

Contents

人物介紹

千東基

　　大方物産總務部代理。感情豐富的開朗人物。毫無心機的直爽個性，常常一時興起，但不管什麼總是不知分寸地搞砸，因此盡是左衝右突且四面楚歌。即使這邊跟跟蹌蹌、那邊跌跌撞撞，還是用力振作起來，發揮唐吉訶德式的耐力，站到戰地前線。然後再次噹啷！他的理財技巧戰線沒有風波平息的一天。

秋薔薇

　　千東基的太太。智慧而又體貼的人物。像顆事先無法知道會衝撞到哪裡的橄欖球般先生的堅毅賢內助，同時是個一意完成「我的家人十年大業」的熟女。有時對家人的犧牲太過也會變成毒藥，是帖使慌張失措的愛夫像個人樣卻不太管用的補藥。

千真

　　千東基的女兒。人如其名，是個天真爛漫的小丫頭。很早就接受理財教育，十分了解錢的重要性，奉行節約儲蓄的習慣。喜歡美術，在爸爸媽媽豐沛的愛裡描繪著明亮的未來。

高尚杜　課長

　　千東基代理的職場上司。不管再怎麼擠也不輕易流出10元硬幣的超強力吝嗇鬼。在卓越的理財術之上，再發揮冷靜透澈又合理的經綸，輕鬆地執行千東基代理的理財技巧導師兼人生諮商師的角色。

許世萬

千東基的大學同學。託父母的福蔭，衣食無缺的人物。具有暗自輕視看不起比自己窮苦的人的傾向，周圍沒有朋友。因此從學校時期起，在頗受歡迎的千東基面前，就特別表現自家有錢的複合體。

金代理

千東基代理的職場同事。性格上、興趣上、人生觀上都和千代理十分麻吉的人物。發揮卓然的同事愛，為了在大方物產總務部內實現「樂透的春天」而擔任一角。

丈母娘

溫情而富同理心的人物。包容四周的錯誤，一味偏袒，如替夫妻都在工作的女兒照顧年幼的外孫女等，對千東基代理的家人來說是不可或缺的最大、最高援軍。

部長

千東基代理的職場上司。性格精明的人物。愛說廢話，又愛多事，對看不順眼的部下職員毫不寬貸。

尹理貞

幫忙調整和管理千東基的財政狀態的人物。給予處於財政困境的千東基親切而細心的幫助，使其「人生規劃」成功執行。

爸爸・媽媽

純樸又親情洋溢的人物。在鄉下種田。

其他公司職員們，大學同學們等等

樂透小組樂極生悲

　　別人的不幸就是我的幸福。不，應該說是幸福的種子，好事在風和日暖的春天輕飄進大方物產總務部來。首先飛進來的當然是關於別人不幸的消息。

　　下午兩點。春睏症加上飽睏症，頭垂低低打著瞌睡的千東基代理，額頭一下叩到電腦鍵盤上才猛然睜開眼睛。他從睡夢中驚醒，最先做的事是像鷩一樣拔長脖子察看隔板對面，部長在自己房間裡安祥靜坐。幸好沒事，因為部長的統率哲學就是上司愈是精明下屬愈有能力，被發覺打瞌睡無疑是死路一條。

　　「在神聖的上班時間打瞌睡，不如寫辭呈然後回家舒服地睡怎麼樣啊？」

　　想起部長威脅性的叱責，千代理微微抖著身體，緩慢

地將視線移回螢幕的方向，臉上表情吃驚大變。因為螢幕裡打開的物品購買委託書的格式像氣球一樣，充飽氣又破掉了。打瞌睡壓到數字鍵的結果變成這副模樣。

21,00000000000000000000000000000000000000000000000000000000000000000000000000000000000000000

千代理用引起問題的手指頭搔弄著額頭。如果是這等級價格的物品，就算去搶銀行也不可能想要購買。刪掉足足88個圈圈，將價格欄減為21,000的數字，他晃著頭走出辦公室。

大廳裡有兩名總務部的職員在聊天，千代理從販賣機拿起咖啡，側耳偷聽他們的對話。說是對話，其實不過是無意義的八卦，對於提不起勁又愛睏的春天的處方來說，倒也沒什麼別的像這樣的覺醒劑。此時正好出門辦事回來的金代理發現千代理和職員，走過來他們這裡。

「大新聞耶，拿罐咖啡來吧！」

金代理在灌了一口咖啡後，說出的大新聞不是好消息而是不幸的消息。今天一起開會對方的社長偶然間知道而轉述這個不幸消息，前年榮退的前任總務部長因為退休金

15

投資錯誤，變為不折不扣的乞丐。

「光聽信朋友的話，全軍覆沒的樣子。知道嗎？他的作風是，只要喜歡誰，就完全都不提防，別人的拜託也都沒法拒絕！」

「好可憐，那麼好的人。」

「錢可以看出人性，不是死抓不放，不然就是上當受騙吧。」

「真不像別人的事似的。我們都是領人薪水的嘛。鞠躬盡瘁忠於職守，能夠領到手裡的錢只要一次失手，一下子就敗得精光。」

對於前任部長的不幸，全部的人都嘖嘖咋舌。一方面是出於對前上司的關心同情，再加上同為沒什麼光明前途的月薪族的職業特性同病相憐，氣氛一下譁然。因此，大家你一句我一句，有說自己是為了國稅局而活著的流動皮夾，有的是為企業主做跑腿的，以及為妻兒賺錢的機器之類等，各式裝模作樣的自嘲全都傾洩而出。其中不知從誰嘴裡冒出一句，如果天上掉下一筆大錢就別無所求了，這句話立刻反射到千東基代理的腦裡，爆發出靈感的火花。

「我們剛才說到的，來組個樂透小組怎麼樣？」

「That's good ides！ 我無條件參加。」

「Bingo！我也是。」

「Me too。」

不再苦悶了，大家當然都欣然贊成，還進一步邀其他人來加入。如此一來，中獎機率也會提高，又能實踐民族固有的好東西要與人分享的美風良俗，也算有所謂一石二鳥的遠大宗旨吧。

但是對於挑剔大王部長來說，這絕對是個秘密。因為部長知道了一定會使壞心眼，就像搶了媳婦要上廁所的衛生紙而拿去做引火紙的婆婆一樣。當然，自信有熊熊燃燒的使命感，這群人決不容有那種危害神聖工作氣氛的作法。

「那麼高課長呢？」

高尚杜課長，在公司裡頗有名聲的吝嗇鬼，直到現在公司裡的人都還沒有半個人曾接受到高課長的請客或喝酒；然而，因種種理由向他開口求取私人幫忙的人，一定得用吃飯或喝酒或咖啡來報答才行，所以幾乎沒有人會因業務以外的事接近他。

大家並沒有冷淡到毫不關心高課長的地步，他還是常在人們嘴裡被提起。閒言閒語的主題只有一個，小氣兮兮的存了不少財產呢。那樣的人物，對於這種可能會損失點

小錢，也可能獲得巨款的機會，不知會有何種反應。

「怎麼樣？稍微說一下看看！不管了，到此爲止，進去吧，在部長發火之前。」

回到座位工作的同仁們一絲不漏計算在內的結果，總共確報六名組員。次長和一位女職員怎麼樣都怕部長會發神經而拒絕加入，課長則是裝做沒有聽到。

千代理帶著成員們集資的2,400元和預測的中獎號碼，下班路上去買樂透彩券。而且第二天要把彩券收據一起影印，然後還給組員們各一份。剛好再來的星期六是假日，所以連星期五傍晚和組員們祈禱大獎的酒食都帶到了。

說實在的，對大獎的祈願再怎麼大，能中大獎的信念比葫蘆還小。平日的這點期待感也還可以勉強忍受，週末坐立難安也都還好。但若是眞的中了大獎，在後腦勺會撞到的位置鋪著座墊再昏倒，也都沒關係吧。

星期六傍晚，不知是幸還是不幸，千東基代理並沒有昏倒。因爲滿懷期待的大獎並未出現。但是「呀」一聲怪叫，把在廚房做事的太太秋薔薇嚇破膽了。沒有大獎，不過是中獎、不，是中了小獎。

中獎號碼六個數字裡面賓果四個！是四獎，而且還各

兩個哪！首次出擊就領到超過3,500元獎金的組員們，週末一直四處互相發送道賀和致謝的訊息，星期一午休時甚至說要補補身子開了個慶祝派對。

首先提案合資並擔任組頭角色的千束基代理信心滿滿，好像胳肢窩裡長出了翅膀似的。星期一早上上班路上的激動歡喜，是剛進公司上班第一天之外的頭一遭。這都是樂透神的恩寵吧，一面誠心祈禱下個週末、再下個週末都能繼續施恩加持，一邊剛要開始下午工作的那一剎那，部長的傳喚聲飄過來。

「最近職員們好像在組樂透……」

呃！被發現了！部長的笑臉雖然噁心，卻是笑裡藏刀，千代理不由得焦急地緊張起來。嘴唇不閉緊的話，「老天爺」的求告一定會控制不住洩漏出來。胳肢窩裡長出的翅膀已經被冷汗浸溼成了千斤重擔。

那一瞬間，部長的嘴裡冒出一句意外的話。

「可以讓我也加入組員嗎？」

「好……咦？」

千束基代理懷疑自己的耳朵，應該聽錯了吧，但是部長為了確認又再重複剛才他所說的話。是因為對於日前聽到前任部長的消息隱然產生的不安感嗎？還是對於某個抓

耙仔告發樂透中獎的消息感到憤慨，反而心裡迷惑了？就算理由就是如此，但部長突如其來的善意態度是很陌生而且異常的。

懷著頭腦昏沉的氣氛步出部長室，千代理向金代理原封不動轉述部長的話。金代理的想法一句話來說就是「難以置信」，親身聽到部長的話的千代理也是難以置信。可是卻忍不住直笑，

嘻嘻、嘻嘻、嘻嘻嘻……星期一也能這麼快樂，真的嗎？

由於部長的壯勢，樂透組員由六名增為九名。本來一直觀望的次長和女職員也跟著部長共同加入合買小組了。只有高尙杜課長像尊石佛一樣動也不動，當大家都十分確信早晚會賺大錢時，比誰都還要愛錢的人竟然可以毫不動念！

雖然不知道原因，但也不想去知道。因前任部長的不幸消息順勢而起的樂透小組，在辦公室裡開始劈啪燃起幸福機緣的春天不是嗎？高課長一個人被摒棄，他的春天搬到西伯利亞去了嗎？

春天最大的後援者還是部長。他從精明的婆婆突變成仁慈的公公，在神聖的上班時間打瞌睡的樣子出現在眼前也只假咳幾聲，或者裝做沒有看到就直接走過去。

在花了3,600元的樂透彩券全部化為烏有的時候，還拍拍氣餒的千代理的背鼓舞他的勇氣；一週後只中五等獎，3,600元中勉強撈回200元時，也不吝激勵說看到大獎的吉兆了；而合出兩倍各800元將集資資金加倍加碼，卻連10元也撈不回之後，看了開獎結果仍咯咯直笑，顯示一副好人的面貌。

事情到了這個地步，遲遲無法拋去最後一抹疑懼心理的千代理以及所有組員，全部開始認為部長的突變是真正的改變了。公司上下能夠這樣號召來改變和革新的真正主角正是「部長大人」，連這樣的分析都出籠了，部長變了。

春天仍然繼續著，再來一定會中大獎的。

雖然後來集資金又降低為每人400元，但很幸運地又中了五獎，之後的開獎就再沒有什麼收穫了。歲月無心，卻又像刀一樣流逝。最後兩倍的集資金由400元縮水為200元，對大獎的期待感也開始由一半再減了一半。

你知道比起氣球吹飽充氣的時間，漏氣的時間更加快速嗎？比起月亮高掛的時間，下沉的時間是殘忍地迅速嗎？比起拿起斧頭讓人相信的次數，劈到腳背的次數更多。證明這所有範例的即是運氣不佳又受騙上當的人物千東基代理是也。

前一天喝多了，一早就搖搖晃晃的，到了下午千代理乾脆抬腳放在桌上，開始呼呼大睡。後來聽到部長的傳喚，他往金代理的方向不好意思地一笑，撺了一下位子站起來。從那之後，十多分鐘沒有間斷的高聲怒罵，從部長室裡流洩而出，辦公室的氣氛因此一下子凍結住了。

一臉憔悴地走出部長室，千東基代理立刻離開辦公室往大廳走去，走到窗邊開始對著外面風景呆呆地直瞧。

後來不知是誰按了一下他的肩膀。是金代理，千代理用好像剛才哭過的聲音問金代理。

「我們的樂透小組要怎麼辦？」

金代理的表情好像是個諄諄告誡老么的大哥哥，緩慢而兩眼無神地。

「你看！現在春天結束了，是煩惱該要怎麼寫悔過書的時候了！」

23

走出自怨自艾

「下班路上過來，晚上一起吃飯吧！」

一早打電話來，先訂下千東基代理的晚餐時間的偉人，是他的大學同學許世萬。身高號稱160公分，有著胸前的肉快垂到小肥肚的魔鬼鑽石形身材，長期以來不受女生青睞的他和千代理成為哥兒們，是遨遊校園的好搭檔。

屬於常被說是不錯的衣架子型的千代理，和各方面被比較的許世萬，走在一起的理由並不清楚。看起來，某暢銷流行歌曲的歌詞中有句「盲目愛著你」不單只有愛情，也可以用在友情上頭。

但是流動在兩人之間的友誼，並非百分之百純然同質的清水。首先是生來就相反的環境，對千代理和許世萬雙方來說，都是無法拉近也無法改變的。

千代理有對在山村種田的父母，在所謂的富家子弟許世萬眼中看來自有與眾不同之處。相對來說，許世萬因為外貌不受歡迎加上安靜的性格，對於性格豁達又樂天，享盡人群注目和人氣的千東基是很羨慕的。

也不知是否因為這樣，兩個人去喝酒的時候，總是諷刺譏笑對方互發酒瘋。不過，酒瘋歸酒瘋，一點也不影響千代理和許世萬的友情。

即使說在堅實的友情底下介入一些八卦什麼的來妨礙感情的流通，也很難切斷這對宛如連體雙胞胎般形影不離的兩個人。不，是根本就不可能的事。

對於這樣的千代理和許世萬來說，隨著畢業，莫可奈何的斷絕時機逼近了。不管誰先誰後，總是要各自經歷就業、戀愛和結婚等等的人生大事。那段期間，像會走一輩子的友誼也終究將一點一點沉靜下來，不知不覺間變得原形畢露。

就這樣，見面次數減少而變得疏遠，變得疏遠而更不見面，好不容易見面，也總是盡做一些挑出纏在衣服上頭髮的無聊事。這樣的局面下，和許世萬的晚餐約會就像眼屎一樣讓千代理高興不起來。

許世萬在千代理回家路上會經過的一條公寓地段商店

街上經營賣場。畢業後，許世萬過了短暫的職場生活又辭掉之後，接受父母親的援助，接手這一百多坪的賣場。直到現在附近還沒有能夠形成競爭的商店，因此可說相當賺錢。

「唉喲！常來坐嘛，怎麼隔了這麼久呢？」

和剛好從賣場裡出來的朋友太太輕聲互道招呼，千代理隨即走出來。然後跟著許世萬進到一家一看就很貴的日式料理屋。穿著和服的女服務生迎接他們，並帶到鋪設榻榻米的和室。

「這家店的主廚切沙西米的手藝特別好。說是從日本直接學回來的呢。」

許世萬豎起大拇指強調這家店的生魚片是最棒的，然後叫了像西式一樣的套餐料理，還點了定食。

全套料理開始了，湯、生魚片、燒烤料理、調味料理、麵，還有最後上桌的定食，在掃進嘴裡解決的期間，盛裝著令人不安奢華色澤的食物盤子依序端進，又變成空碟子迅速撤出。

生魚切片之後，是放在冰庫五個小時的比目魚生魚片，它緊緊黏彈在嘴裡的口感是一絕。千東基代理擔心這樣一餐到底要花多少錢，可是菜單目錄或者其他地方都沒

寫價格。

「原來眞正高級的日式料理屋裡是不貼價格表的，受錢拘束的人是沒有吃上好生魚片的資格的呀！」

放肆地吃完昂貴的食物，要抑制口味也要有本事吧。嘴裡變得刺癢的千代理一喝完杯裡的酒，噘著嘴的許世萬像在等著似地幫忙倒酒一邊說。

「我們要搬家了！」

「眞的？搬到哪裡？」

「買了新房子，45坪而已，因爲賣場的關係不能搬遠，附近剛好有適當的房屋專案推出就買了。」

「太好了！恭喜了，眞的。」

嘴裡溜著吉利話，內心裡卻翻滾著想，原來如此啊。

現在是該進行撿數黏在衣服上頭髮的枯燥作業的時候了，眞是瘋了！今天這餐飯錢要大失血的樣子，頭髮末端的部位神經質地開始刺痛起來。

「……法警也去了。」

用毛巾擦著濕頭的千東基代理無法不去懷疑自己的耳朵。因爲和許世萬的晚餐十分不快，梳洗完這個不快的身

子，正想要走出浴室外面。

「你、你說什麼呀？法警？我們做錯什麼了……。」

千代理好像被鈍器在腦袋瓜上敲了一下似地，精神不太清楚。

「這人吃錯什麼藥了？我是在說隔壁啦，隔壁！」

隔壁？一邊用毛巾擦頭，一邊擦出了隔壁這句話的樣子。呼！再來好像輪到要擦胸口了。

「我以為又說什麼呢！到底是說隔壁有什麼事？」

「聽某個警衛先生說的，好像是因為銀行債務的關係。之前從銀行來催帳好幾次的傢伙。」

千東基代理點了點頭，一邊微微浮起隔壁男子的臉孔，給人溫順端正的印象，和自己年紀相當的同輩男子。看起來好像再沒辦法也能過下去的人物，竟然碰到這麼悲慘的事！好像還有一個小女兒呢，嘖嘖！

令人遺憾的事，不過到此也就結束了，不，就算結束也是不相關的旁人的事。回過神來緩緩地轉了轉頭，從剛才肚子裡就脹脹的，像這樣不好的煩心事，即使已經結束又是不相干的旁人的事，竟使自己鬱卒地難以消化，到現在也沒一點辦法。

爲了紓解消化不良，千代理在上床睡覺之前，用針刺手指頭放血。

　　還好肚子不再痛了，可以熄燈就寢。半夜12點左右醒過來，雖然腹脹的感覺稍微減緩，可是肚子還是不舒服。

　　千代理悄悄地起身，太太依舊平躺熟睡著。他從容地走到廚房打開冰箱的門，有瓶裝了半滿的燒酒，料理用，還有偶爾拿來搭配飯菜使用而買來放著的。現在那個打算拿來消化用，還有助眠用。

　　千代理倒了三小杯份量的酒在馬克杯之後，走到餐桌邊坐下，開始小口喝酒。

　　「沒用的傢伙！」

　　千東基代理把身體不適的起因來源者當成下酒菜，開始碎碎唸。

　　「有錢人家的小孩就了不起呀？要靠自己才對，靠父母幫忙的傢伙買什麼45坪？哼，放蕩又敗家！」

　　那種45坪一點也不羨慕，用這樣的心情來喝燒酒，一口就把喉頭燒得熱燙。可是人家放蕩敗家也還是坐擁寬敞的大坪數，45坪的話是比我這個房子的兩倍還大耶！完全沒得比。這樣來看，自己身處的18坪空間真是遜斃了。好像醉了耶！

千代理用兩手抹抹臉。但這個家也完全是我一手打造的！

不像別人接受父母幫忙之類的！有點來勁了，同時有個溫順端正的臉孔隨即浮起，隔壁男子的臉孔。

一個18坪大的家都守不住，一文不名被逐出的男子。帶著妻兒流浪街頭，半條魚都負擔不起的人物。雖然可憐，但一比較又更加起勁了。

這次再浮起的是許世萬的臉，買了45坪大的房子馬上要搬進去的小子。對錢毫無節制，大啖緊緊彈黏在嘴裡的生魚片的好命傢伙，剛才的起勁循原路消褪了。

同時浮起的臉還有一個，每天早上透過鏡子見面的男子的臉。好好瞧瞧！這張臉，在前面的兩個男子中，我較像誰呢？可憐的小人物，還是好命的傢伙？

正抱胸這樣想著，太太來到廚房，好像要去上小號的樣子。沒有完全睡醒，眨眨半閉的眼睛，太太發現坐在餐桌倒酒的先生喃喃唸道。

「喂，外面喝酒回來的人，怎麼又喝酒，都什麼時間了？停下來，進去睡吧。我買好一條凍鱈，明天早上要煮辣魚湯給你醒酒！」

說完，太太跟跟蹌蹌地走進化妝室裡。那瞬間，千東

基代理像是出現什麼結論似地臉上一鬆，此時，迎面而來
的是太太充滿力道的小便起落聲音。

　　解開千代理稍早之前抱胸苦思的問題的線索，就是太
太丟出的一條凍鱈。那就是，在緊緊彈黏在嘴裡的比目魚
生魚片以及半條魚之中到底像哪個？他心知肚明，小便總
是充滿力道的太太也心知肚明，冰箱裡熟睡的凍鱈也心知
肚明。

小氣鬼秘史

　　千東基代理說下班後要去別的地方，擺脫掉黏著一起去喝酒的金代理。結果他去的地方離公司並不遠，是位在地下鐵車站的大型書店。

　　在人潮擁擠的書店裡，要找理財書籍的架位是比吃涼粥還要容易的事。因為整個店面當中占了最大面積的，正是理財書籍。

　　千東基代理是個說到理財技巧，除了銀行之外就一問三不知的人物。理財想到銀行那是當然的，一定要說出什麼的話，毫不猶豫選擇樂透彩券的偉人中的偉人正是他。太太秋薔薇也差不多，除了請約賦金（註：透過存錢預訂公寓的住宅請約制度，每月繳納一定金額，類似台灣的預售屋貸款。）和一般定存，不再多花腦筋在錢的管理上，他們是對夫唱婦隨的理財技巧白痴。

這樣的千代理竟然擺脫美酒佳餚的誘惑，漫步於理財技巧書籍架位的模樣，自己看了也會陌生而不好意思，想到錢就算是鬼也緊貼不放，令人哭笑不得，在此同時，手指在《月薪族這樣賺到3,000萬》和《跟著我來賺1億》的書之間認真游移著。就在此時，有人過來打招呼。

「真是驚訝。你也在注意這類書啊？」

真正驚訝的是千代理，幾乎反射性地抬頭看向出聲的方位，是高尚杜課長。公司裡的話不打緊，連在公司外面，還要面對全天下最小氣的人！而且是在苦思要賺3,000萬、賺1億的重大瞬間。那又怎樣，我稍微注意一下這類書也不行嗎？被瞧不起的感受猛然刺到心上。

「我以為你的專長是樂透？」

「我現在不玩樂透了。」

「所以把焦點轉移到理財技巧上了？」

千代理不怎麼想回答，昨晚所經歷的比目魚生魚片和半條魚以及一條凍鱈的事，是無法在這裡三言兩語講得清楚的。

而又沒有別的話好說，他只好不好意思笑了笑。然後不知是否高課長那頭也沒什麼想說的話，回笑了一下。

然而，回頭過來想想，不是這樣的。有句話一定要問

一下高課長的，一想到這點，千代理往高課長那裡走過去。

「喝杯咖啡吧，我請客。」

「就算馬上辭掉工作離開公司，也不妨礙生活的程度吧！」

高尚杜課長肆無忌憚地回答千東基代理詢問到底有多少財產的問題，雖然有了財富但卻失去人心朋友不是嗎？對此攻擊性的質問，高課長的回答毫不遲疑。

「我認為公司並不是以親睦為目的的學校社團，先別說這，你拿來的這咖啡，價格多少？」

為什麼問跟此問題不相干的咖啡價位？小杯紙杯裝的外帶咖啡價格是100元。

「好貴啊！你付了這麼貴的咖啡帳單，我應該要多講一些話才是，要從哪裡說起呢？」

千代理沒有理由去拒絕。高課長因為咖啡價格而準備多講一些的內容，就是他小裡小氣過日子的由來。

靜靜聽下來，不妨說是一個家庭的家族史。

「我有一個大我二十歲的哥哥。父母生了哥哥，好長

一段時間都沒有老二的消息，然後才在晚年又得一子。當時十八歲早早成家的哥哥離家住到都市去，在那邊過沒多久就生兒子了。在同一時間，一個家裡算是生了同齡的叔叔和姪子……」

受到父母極度的寵愛和照護，高課長茁壯長大。不幸地，在他要進中學時父親辭世，第二年母親纏綿病榻一病不起，最後一命嗚呼。因此高課長搬到哥哥家生活，哥哥和嫂嫂把他視如親生兒子般照顧著。

當時哥哥經營製鞋工廠。像搭了順風帆似地營運著，不只工廠，家計也很豐盈，那是什麼都豐足而有餘的時節，高課長或是他的同齡姪子都無憂無慮，只要唸書就好了。

進了高中之後，情況也沒多大改變，一切都很順利地，高課長以進入大學為目標專心苦讀。而姪子不愛唸書，意在進演藝圈，有空就上藝校，一邊請家教作演技指導。

如此經過三年歲月，高課長拿到大學入學許可，姪子則到處試鏡，或是為了尋訪演藝界的有力人士幫他圓夢而忙得不可開交。

正在那個時候，不可預料的事故發生了。製鞋工廠起了大火，遭受鉅大的損失。事故餘波所及，資材費被推延，銷路被斷，不到三個月工廠開支就跳票了。債主蜂湧而至，亂七八糟的家裡沒有留下半件完整的東西。

　　在這樣的狀況下，不管進大學或者是否眞要初登演藝界，都不過是不懂事的孩子講的幼稚話罷了，此時高課長幾乎拋棄進大學的志願，決心要去找工作了。就在大學註冊截止日的前一天晚上，躲避討債的人到處逃亡的哥哥出現，從容地帶他走到外面，然後拿出一個信封遞給他，這是不知從哪籌來的大學註冊費。

　　哥哥囑咐他，不論發生多麼艱困的事都不能放棄，一定要大學畢業。在那之後，往黑漆漆的小巷那頭漸漸消失了光影，這是他看到活著的哥哥最後的模樣。第二天傍晚，哥哥上吊的屍體在工廠倉庫裡被發現。

　　失去一家之主後的家裡無限淒惶，房子被拍賣，嫂嫂和兒子一起搬進娘家費盡心力幫忙張羅到的出租雅房。

　　高課長常常熬夜趕場打工完了之後，立刻到大教室努力苦讀，過著堅忍的生活。就這樣，精力用盡時就休學，賺夠了錢後再復學的情況一再重複著。

　　即使這樣，高課長得空時還是會去找嫂嫂和姪子，每次嫂嫂總是去做清潔工作而碰不到面，只見了窩在房間角

落的姪子，就返身回去了。姪子好像無心去找工作，只是一直說不要那麼低賤賺那幾分錢。

當然還是無法忘掉做藝人的夢，看著這樣的姪子，雖然心疼辛苦的嫂嫂，但是高課長的處境也是自顧不暇，什麼忙也幫不上。

就這樣吃力地堅持下來，苦學的生活不知不覺也只剩下最後的學期了，就像漆黑的隧道那端的出口，微微看得見了光亮。但是在到那出口前，不知誰冰冷的屍體忽然擋在腳前。

學期剛開始沒多久，嫂嫂就找到學校來。姪子離家好幾天都沒回來，離家出走是因為零用錢而起，上個月清潔工作的工作沒了，還沒找到新的工作，無法給出每個月6千元的零用錢。

雖然他和嫂嫂一起到姪子可能會去的地方尋找，卻毫無所穫，只確認一件事，姪子每個月拿到的零用錢，都花在酒店和賭場了。後來接到一通告知姪子所在的電話，那個地方就是哥哥的墓前，姪子喝農藥死了。

膽敢在自殺爸爸的墓地自殺的兒子！悲情的父子接連死去，嫂嫂終於崩潰了，高課長在旁邊咬著牙吞下哭聲。把妻兒丟到債坑一死了之的哥哥，沉湎於過去優渥生活的妄想，被自己媽媽無微不至地侍候著，終於喝農藥而死的

姪子。

怎麼這麼相像的兩個人同時也是父子，有其父必有其子！迫近眼前的不幸重擔太吃力，急忙結束生命的懦弱靈魂，送別的路上，他忽然體悟到些什麼。

擺佈人命運的並不是錢，而是操縱使用金錢者的精神和態度。哥哥和姪子自殺並不是因為沒有錢，事實是因為對沒有錢感到悲觀的懦弱精神和態度，這正是他忽然體悟到的。

那天以後，高課長不再是更貧困而蹣跚走路的苦學生，反而即刻變身為貼在窮困的大旗後面奮鬥的小氣鬼。

高課長吝嗇鬼的由來到此結束，千東基代理變得非常靜肅。爸爸死了，兒子也死了，因此衝擊媽媽心神崩潰，死去哥哥的弟弟變成嚴重的吝嗇鬼。沒有辦法不感到靜肅，但再怎麼靜肅，對說了這麼長的故事的人，直接跳過還沒理解的題目是不禮貌的。

「講得真好，好像已經超過100元咖啡價值的故事，還有其他什麼要告訴我這個故事的理由嗎？」

高尚杜課長不知是肯定還是否定，曖昧地回答。

「想知道嗎？那請我吃飯。」

理財十誡三天熱度

「從明天開始，我要實踐理財技巧，別攔我！」

看到總是平日看報紙，週末則是錄影帶的千東基代理手裡拿著書，太太秋薔薇圓圓的眼睛聽到理財技巧這話變得更圓了。但是光瞄到3,000萬怎樣怎樣的書名，太太好像也有了大概的判斷，3,000萬是什麼迷路的小狗嗎？快來我們家吧。

千東基代理是認真的，認真到一隨便扒完晚飯，就緊抓著理財技巧的書直到超過凌晨一點半還不放。其間在11點15分和11點55分，故意兩次妨礙看書的太太，也已經退回夢的國度了。幸好周遭像老鼠死了一樣寂靜，千代理得以心情舒適地默讀以下的文字。

想要做好理財技巧，就得成為早起型的人。不是有句話說

早起的鳥有蟲吃！覺得太過陳言老調無法引起共鳴？這樣的人若是當場訪問鳥兒，鳥兒定會回答，吃蟲之說根本過時了，沒有什麼感覺，以後抓別的好了！接下來鳥兒會這樣說。走，磨磨腳再睡覺去！……

　　就這樣，掃過文字的速度一點一點地變快，一瞬間昏睡過去再睜開眼一看，凌晨3點。從睡夢中醒來還在昏沉狀態，慢慢地撐起略感疲憊且到處酸麻的身軀。

　　腳已經在七個鐘頭前擦過了，因此只要走一走再睡覺就好了。他用像殭屍的姿勢蹣跚爬進去內房頓時倒下。然後幾個小時後，是自己的驚聲尖叫迎接理財技巧開始的第一天早上。

　　「唉呀！遲到了。」

　　早飯也沒吃就直奔出門，早起型的人理財技巧頭一天上班路上，心裡無比痛苦，又焦急又疲累。

　　「總而言之，昨天你沒去喝酒而飛奔去別的地方，還有早上遲到被部長猛K，都是因為3,000萬元計劃是吧？」

　　「說得沒錯！」

　　「那麼3,000萬元計劃到底是什麼？」

　　「想知道嗎？那得請吃飯。」

必須成為早起型的人。

節制不必要的支出。

累積經濟知識。

時間要有效管理。

酒是錢、時間和健康的敵人，要盡量避免。

因此千東基代理的午餐變成金代理負責，用飯錢換得的所謂計劃，是誰都耳聞過其名，但是人人說法各異的「職場人士理財技巧十誡」。

酒是錢和時間和健康的敵人要儘量避免。氣質、專長、希望、職業和才華狀態不同的話，理財技巧的方法也會不同是理所當然。那麼屹立不搖的理財技巧十誡為何？也要直接應用書裡內容嗎？但千代理的想法似乎有點不一樣。

「不是有個狐狸善耍狡猾，熊別學狐狸的法則嗎。重要的是能不能適應吧。所謂進化不也是最後去適應不同環境的結果嗎？狐狸也可以是熊，熊也是可以變成狐狸的！」

從這時起，千東基代理為了進化開始適應的掙扎，率先從因為自己的掙扎產生的各種副作用適應起，看來是很急切的事。

對於午飯後的一杯咖啡，應用第五誡的「節制不必要的支出」，得到「高課長二世」令人敬而遠之的別名；還有，對於下班後喝一杯，用第六誡的「酒是錢和時間和健康的敵人要儘量避免」來推卻，只聽到看你能夠撐到什麼時候的冷言冷語。

然後對晚餐收拾乾淨就恐怖地死貼著電視的太太說教

第七條的「時間要有效管理」，被回罵說你就認真去玩連續劇也不能看的3,000萬元遊戲什麼的。

不只如此，之前只顧瀏覽各種演藝、娛樂網站的取向，改成「累積財經知識」的第八誡，打開眼花瞭亂又無趣的財經網站就不斷直打呵欠。

凡事都是闖禍容易，收拾難！被各種副作用折盡鋒芒的千東基代理，將半數以上至今一次都沒應用到的理財技巧十誡，輕輕丟到地上之後，拍拍手回過身來。

不到三天就舉白旗投降的歡迎酒席準備好了，別名、冷言冷語、責罵和呵欠也像雪融在春陽裡似地消失了。

而凡事闖禍也容易解決也容易的千東基代理，就這樣完全恢復原樣了。

「你、你是誰？」

「小壞蛋！連你爺爺都認不出來嗎？」

「您說我的爺爺嗎？

「對。這小子！仔細看看，我是誰！」

「啊哈！從眼睛底下突起的棗核大小的白疣看來，您一定是我爺爺！」

「真是不肖，現在才認出自己的爺爺！嘖嘖！」

「對不起，不過您都已經過世二十年了，為什麼回來找我呢？」

「嗯哼！我在陰間一直觀察，發現你這傢伙過活的方式，實在太過令人寒心目光如豆了，所以才要帶來改善你這小子運氣的大禮！」

「改善我運氣的禮物嗎？嘻嘻嘻！還送到這裡來，真是太勞煩您了，趕快拿來這邊吧！」

「呵呵！古井旁邊找盛鍋水的小子！知道這個是什麼的話，還會不讓你拿去嗎？」

「一眼就能看出來是什麼吧！身體胖乎乎的，耳朵是豎起的，鼻子是扁扁的，尾巴溜溜轉，叫聲挺嚇人的，根本就是豬。」

「這小子眼力倒是不錯嘛！好。那就拿去，接好！」

呼地飛來的豬一落在懷裡，千東基代理嘩地從夢裡驚醒。嚇！好逼真的夢，夢裡看到的爺爺身子就站在眼前。過世都已超過二十年的人帶給孫子改運的禮物？而且還是隻豬？千代理垂著頭壓著後頸，忽又抬起頭來。對了，就是這個！祖先夢，豬夢！

曾經看到傳聞說有不少前例，在夢裡看到祖先或者看

46

到豬，會帶來好運，結果買了彩券中到頭獎。千代理則是在夢裡既看到祖先又抱到豬，算是一次夢到祖先夢和豬夢的大獎之夢。喔！爺爺，謝謝您！在親愛的孫兒夢裡出現，丟豬給我，而且還怕不夠，更加清楚地明示說是要幫我改運！

因此千代理現在只有一個前進目標。朝向樂透，朝向大獎！不過在那之前，要先做一件事。就是為了剛剛就一直催促叫他名字的太太，進去浴室隨便洗洗擦完之後，前進到餐桌這件事。

「總而言之，你當然是夢到好夢中的好夢，這次樂透想當然爾一定會中大獎的吧？」

「說得沒錯！」

「可是部長這邊，如果知道我們又開始組成樂透小組的話，一定不會放過我們的，這樣好嗎？」

「所以不能讓部長知道！」

「那次長呢？」

「怕事情會洩漏出去，所以次長也出局！」

「課長當然也自動出局是吧？」

「課長也……應該是吧。」

在書店偶遇之後，高尚杜課長就像魚刺卡在千東基代理的腦裡，因此以前當做空氣不予理會的高課長的行為或是言語，現在一一來回纏繞在他的神經網裡。

雖然才三天就結束了，但是千代理實踐理財技巧搞得天下大亂，也不能說不是因為意識到高課長的緣故。如果是課長，對於彩券之類的是不會動心的。因此他更想保持秘密。

「喂，離下班時間沒多久了，趕快進行吧！」

因為是禮拜六上班的關係吧，有點沒勁又浮躁的氣氛裡，快速而隱密地進行組員們之間的接線。

而且下班後的集合場所定在公司附近餐廳，部長和次長以及課長除外的七名組員會去聚會。他們全都聽說了千代理所做的夢，因此都是期待感極度高張的表情。

雖然有提說集資3,500元，但是負擔有點多，所以決定為2,100元。預設的中獎號碼是全員同意，由大獎夢的當事者千代理來抽簽。吃完午飯買好樂透彩券之後，各自斟酌度過剩餘的時間，等待開獎時間的集合地點定在常去的老地方——希望之屋。

全部鳥獸散，留下唯二的千代理和金代理在球室裡殺時間，然後早點去希望之屋占位子。到了約定時間，組員

48

們陸續露面，集合時，兩人喝的酒已明顯超過兩杯半了。

一臉紅熱斜倒著酒杯的千東基代理，裝滿肚子裡的不只是麥酒的泡泡。這點金代理或其他組員都是一樣的。因為焦躁感而浮動，因為真確的預感而發顫，還有這次一定會成功的強烈期待感！

抓住這樣的呼喚，一致地朝向開獎時間翩翩飛來。然後開獎終於結束了，在那之後簌簌墜落到冰冷而殘酷的事實發生。損！損！損！損龜了。

那一天晚上，千代理爛醉地回家。不，是喝得快要爛醉的程度，神智還很清楚的狀態接受太太的迎接。

「電話壞掉了嗎？今天一直連絡不上你……」

電池沒電的樣子吧！千代理不太想回答的語氣，也沒那個力氣。回家路上酒味已經散得差不多的樣子吧，不知先生醉得厲害的太太秋薔薇說出和炸彈一樣的告白。

「今天去過醫院了，最近那個沒來覺得不太對勁……老公，醫生說我懷孕了。」

強撐著清明的神智站起來，千代理瞬間搖晃著，太太的聲音變成錘子打到後腦勺。應該要恭喜太太感到高興的，心裡不知怎地抓不到頭緒。就在擠出自己都不知的強笑之中，像是要弄清楚自己的慘狀似地，他喃喃自語。

「……那就不是什麼大獎夢，是懷、懷胎夢？」

擔保出事 債務橫生

擔 保

　　產期還有一週的太太秋薔薇的樣子很奇妙，正面像灌滿風的氣球一樣突起，從後面看來就如普通婦人的身形。每當看到一意往前進攻的肚子時，千東基代理總是感覺到像是有尖尖的針尖就要碰到眼珠似地。或許是因為這樣的危機感，老是夢到充氣的肚子一瞬間砰地破掉，或是從肚臍漏氣然後太太咻地飛到虛空的荒謬的夢。

　　看到這樣大著肚子的太太，千東基代理的心裡並非總是不安的，在外表像是氣球又像足球的媽媽肚子裡，小孩鼓著拳頭踢動，讓爸爸了解自己的存在。

　　每當此時，千代理就會猛然湧起感動、驚奇和驕傲感之類充沛的感情，而且一定要補上一句「爸爸這樣養你非常辛苦」的話，把太太嘩地驚醒。千代理會有這種問題性

的一貫發言，是因他在孕吐體驗參了一腳。

　　從懷孕第十一週起，太太害喜十分嚴重。吃完了吐，聞了味道再吐是基本的，可是吐完又沒有東西可吐的話，連血都要吐出的程度就成大問題了。原本只知道背著手等十個月就能做爸爸的千代理，開始像隻尾巴著火的哈巴狗，四處奔走尋找太太能夠吃下的食物。問過了帶回來的，自己翻找呈上的，找遍愛吃的食物中，太太不怕味道而吞得入口的，只有涼拌豆腐而已。

　　從那時開始，冰箱裡陸續填滿各種的豆腐。孕吐嚴重的太太連其他東西的味道都討厭聞到，因此下班後到處買味道好又富營養的豆腐名產，再放入冰箱，成為千代理的每日功課。看到這樣的情況，家裡能吃的東西除了豆腐之外沒別的了，他也逼不得已以豆腐充當早餐和晚餐了。

　　雖然是因為太太孕吐而不得不如此，但胃口完整無缺的男人一天三餐中兩餐用豆腐解決，是極其痛苦的。

　　再怎麼好吃而且營養豐富，吃涼拌豆腐能夠跟飯和湯相提並論嗎！

　　不過比起整天在家裡以豆腐填飽肚子的太太，還有午餐可以吃非豆腐類食物應該要謝天謝地了。就這樣，再堅持一個月，然後再經過一個月，太太的孕吐就會消失了，

那麼在家裡也可以隨心所欲地吃飯喝湯了！

抱著這種想法，千東基代理三餐中二餐是以豆腐解決，堅忍過了一個月，然後太太嚴重的孕吐就像騙人似地消失了，真是可喜可賀的事。把湯瓢伸進晚餐桌上的豬肉砂鍋，滿滿舀起高湯時，竟然因為終於熬過來了的想法而鼻頭為之一酸。

次日，千代理目送12點整一到便先往餐廳去覓食的金代理，把工作開個頭之後才從位子起身。誰這麼說過，只要渡過難關的話，生活的意志便會油然而生。千代理心情愉快地吹起口哨，走進公司附近的餐廳。

金代理已經都幫他點好了。因此千代理一坐下來，飯菜馬上就上來了。可是幫他點的是煎豆腐飯。

跟著上來的小菜是涼泮豆腐，金代理用筷子夾了一塊吃。

「嗯，好吃！喂，這個你也吃吃看。味道很棒！」

金代理把裝著涼拌豆腐的碟子往千東基代理的方向推過來，原本強做鎮定表情的千代理馬上急忙把身子往旁邊一低，嗯！嗯！乾嘔起來。太太好不容易擺脫掉的孕吐，現在他又開始了。

這正是千東基代理經歷的孕吐體驗。即使多少有點混合了誇張和假裝，但這說明千代理為了調理懷孕的妻子而費盡心思的事實。因此他自信即使自己不是像沙發一樣可以讓妻子整個身子埋進去休息的滿分丈夫，也是能夠做好坐墊或者枕頭角色的平均水準之上的配偶。

千東基代理這般的自信心會被一舉丟到垃圾桶的意外事件，不幸地在太太預產期前不到一周的時間點爆發，自己還有太太都難以預料。事件當天早上，太太是對著上班的先生燦笑的天使，可下班回來時，已經變臉為綠巨人浩克。

「這個到底怎麼回事，你給我說清楚，快點！」

從情緒激憤的太太手中接過來的，是從銀行寄來的說要清算擔保債務的催請書。

擔保債務？暫時放鬆神經讓記憶回想起來，過去一年的事忽然浮現在腦海裡。

過去有個很親近，常常連絡的大學學長，找到公司來，說是想要跟銀行貸款70萬元，需要保證人。雖然言之鑿鑿聽說過有人因擔保錯人而導致家破人亡，但那全部都是傳言而已，面對直接站到眼前的學長的請求難以拒

絕，千東基簽了連帶擔保，如今這項擔保發生問題了。

千代理讓太太鎮靜下來之後，打電話給學長。最近比較沒有往來，因此好一陣子沒有聽到對方消息，也連絡不上，打電話給對學長較熟識的同學，結果卻是聽到學長事業失敗血本無歸已經潛逃出亡的惡耗。

心裡頓時六神無主，但是首先要緊的事還是要安撫太太。

孕婦激動的話對胎兒有害，這點太太也很清楚。千代理提醒這點，使太太稍微鎮靜下來。但是太太不知而闖禍的70萬元連帶擔保事件，只要眼睛還好好睜著，太太的激動不論何時都會再度復發。而實際上還不滿24小時就復發了。

第二天，出門辦事的千東基代理到處忙著奔走，了解學長的事和銀行債務問題。然後接到丈母娘的電話，丈母娘說帶著太太剛回到娘家，而且現在太太的神經非常敏銳，待個幾天鎮定之後再來帶她回家。

下班要回到一下沒了太太的空房子，無奈的千代理想找酒伴，可是大家都有事。因此不得不心情低落地踩著黑暗小路，拖著身子回到寂寞的空房子。然後用下班路上在超市買的酒暖暖喉嚨，稀稀落落不斷唱著「我獨自一人的夜晚」，呼嚕嚕睡著了。

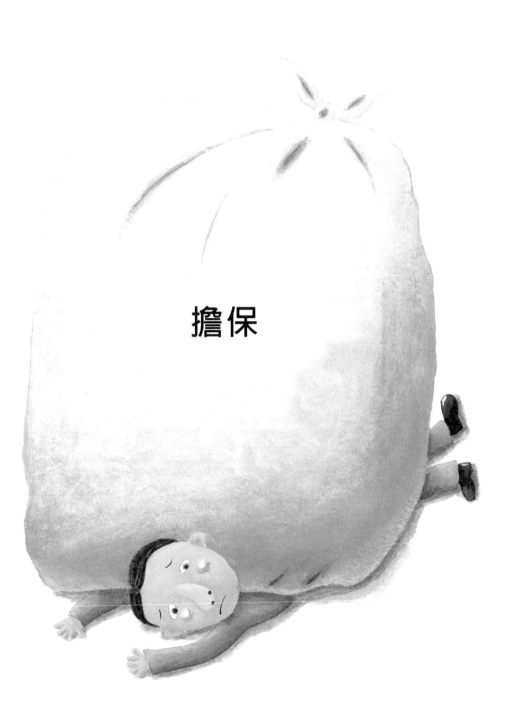

擔保

聽到電話鈴聲驚醒時，是凌晨四點。對著千東基代理耳朵，用壓得低低的聲音說出「喂」的，是丈母娘令人心弦扣緊的聲音。傳話來說羊水突然破了，太太移送到醫院去。

精神一下清醒。他像大炮一樣衝到外面，跑到停車場。除了休假外，周末用來逛街購物與兜風用的1,500CC小型自用車覆著薄薄的灰塵，等著主人。

離開停車場一會兒後，進到凌晨的道路穿透而過，千東基代理用力踩著油門加速。

稀落出現在前面，一下又消失在後面的車子的燈光，比起塞車時反覆走走停停的前車更令人感到討厭。這也算是疾馳在最好道路上的最壞心情。

預產期還沒到羊水就破了……擔心太太的安危。而且也憂慮著還未看過一眼的小孩的狀態。心念妻兒安危，變成深夜暴走族的千東基代理的樣子，在後照鏡裡照得一清二楚。

在後照鏡裡焦急的丈夫，因為灌了酒而微微發腫，頭上頂著鳥巢的悲慘模樣，不知到底是祈禱文還是高喊的聲音，開始從口裡胡說八道一通。

「老天爺，菩薩爺，一定……呃，公子大人，神靈大

56

人，天地神明大人也千萬，啊，還有，呃呃，爺爺！我現在開始絕對振作精神好好地過活！所以一定，一定……請保祐我的老婆和孩子沒事。咦？喔，怎麼好像是在乞求擔保！」

肩起甜蜜的負荷

「恭喜！是個小公主。」

千東基代理根本沒有聽到護士祝賀的聲音。因為他的關心只有集中在太太和小孩，好像其他都不存在似的。聽到產婦以及嬰兒都很健康，千代理才能放掉從凌晨起一直緊緊繃著的緊張和罪惡感。

「謝謝，謝謝！」

產婦的狀態看來，應該要用藥物處置來誘導分娩，之前聽到這話深覺就像什麼死刑宣告一樣，因此對於媽媽和嬰兒和爸爸能夠沒有阻隔地健健康康三人相會，千東基代理對誰都是感謝再感謝的心情。

千代理緊握住一直在旁邊像二重唱一樣擔心的丈母娘的手，這隻手推著他的背。如同一進醫院就一路直走到化妝室，黎明的難過像洗過似地消失無蹤。當時，化妝室的

鏡子裡面，甚至有遭受丈母娘排擠的丈夫，寒心的臉並咋著舌。

「全身上下真是亂得不像樣啊。要我是丈母娘呀，一定把你趕出去的。嘖嘖！」

千東基代理把丈夫臉上的眼屎弄掉，在頭上抹點水把鳥巢弄平。這樣大略修飾之後，走到分娩室前的走廊，從容地坐到丈母娘旁邊。然後開始在丈母娘祈求太太平安生產的祈禱之上，再增添自己的念力。喔，神哪！

屏息沉浸在誠懇、真摯、焦急、虔敬的氣氛中，沒有多久就聽到雜音。

「媽媽，你看看這個叔叔。原子彈頭！」

是剛升上國中嗎？嬰兒肥、胖乎乎的小孩被媽媽的手緊牽著，從走道那頭拖著走的樣子，千代理愣愣地瞧著。丈母娘抬頭看了一下又再低下頭去，因此他也把頭低下。

抹了水的頭髮乾了，向兩側直直豎起的樣子。但不是該去想的事，連去想的時間都沒有。因為就像原子彈守護地球一樣，他也有妻子小孩必須守護。

終於見到妻子小孩的瞬間，千東基代理的心頭湧上感激和高興。守住地球的原子彈的心情也是如此嗎？抱在地球人的懷裡，沒有足月的嬰兒體重是3公斤，非常正常。

「這個，女婿呀，趕快打個電話回老家，他們現在都還不知道呢。」

千東基代理聽到丈母娘一催，便打電話回老家。

「現在開始，要更有責任心地生活才行。」

爸爸的囑咐很簡短。但是從此刻起，想要把31年前您所做的心理武裝，傳承給現在做了爸爸的兒子，身為老家長的心路歷程看起來無限漫長。

然後兩天後，沿路大包小包帶著行李，老母親探視來了。

「鼻子看起來跟你好像。人家說長女是生活的根基，得要好好教養！不管怎樣真是辛苦了！」

老母親如此稱讚媳婦的辛勞。心情上一直壓抑著的千代理，老母親的出現就像得到千軍萬馬的氣勢。

所以想多留老母親久一點，但不幸現在是秋收季節。

就算可以的話，在連躺在庭院邊的小狗也想拖到田裡做事的農忙時期，避開烈日上來給你留宿個一天也都要謝天謝地了。

「人家說，好好照顧妻兒是最為重要的工作，你也知道這個道理吧？媽媽現在要回去了。還有，小孩名字取好

馬上要告訴我們啊！」

　　老母親上來不到一天又趕回鄉下家裡了，只留下理所當然的一句「要更有責任心」給千代理。如今太太沒有特別想說的話，可是每一次吐出的話裡卻都帶著刺，丈母娘只能安慰心裡痛苦難受的千代理。

　　「本來女人生完小孩，就會變得神經質又敏感！所以就算不好受也忍著點。你也知道，不是那麼嚴重的問題，沒多久就好了啦！」

　　生完小孩的第三天，太太出院回家了。千東基代理一下班就到精品店買了一個精緻可愛的天使娃娃。

　　翅膀輕飄飄地飛動，還會發出優美的音樂，可以充分刺激嬰兒的眼睛和耳朵。

　　還微透著陽光的秋天傍晚，不知是否為了通風，門打開著。千代理悄無聲息地走進裡面。然後太太像毛栗子一樣刺人的聲音劈里啪啦迎面而來，腳步也因此停住了。

　　「70萬元耶，70萬元！不是一元兩元，這麼大的錢，甚至連我都不知道去簽下擔保，媽，你想這像話嗎？相信這樣的人，這輩子要怎麼過！」

　　生了小孩變得神經質又敏感的太太在使性子，千東基代理從腳底一路涼起來。他對生小孩前，不、是擔保事件爆發前，太太笑得燦爛的天使臉孔十分懷念，懷念到心都難受地

發痛了。

無法再往裡走，也不能再原路走出去，猶豫不決之間，傳來丈母娘安撫太太火氣暴烈地使性子的聲音。

「孩子，你還記得開當鋪的朴老先生嗎？在遇到你先生前，你不是說喜歡他的上流兒子，不管是死是活都要跟著他！你嫁人沒有多久，朴老先生的兒子也結婚了。

那時新娘家很有錢，老先生的媳婦相當自豪。然後家裡出了點錢，妻子家裡也補貼不少，兒子開始做大事業，那時他的上流權勢幾乎是一飛沖天。

雖然如此，像那樣極度驕傲的權勢，卻維持不到兩年。不顧才要大肆開展的事業，兒子的手沾上賭博了。幾乎像是沒有看到事業快要不行了似的，事業產生的負債再加上賭債，因此發生跳票，朴老先生經營當鋪一輩子累積的財產，以及妻子家裡的財產，全部賠光了。

想想看如果你跟著那個上流兒子走的話，或者甚至是結婚。你或者我們家會變成什麼樣子？媽媽連想像都不敢。比起他來，我們千先生是天使吧，當然是天使沒錯！按你說的，最近在社會上幫別人簽字擔保的事是不對的，不過那是因為為人太過善良才會變成這樣不是嗎？

碰到這次的事，你老公也有很大的覺悟了，所以現在

你也把心放開吧。即使表面看來強硬，內心其實無比軟弱的本來就是老公嘛，因此經常修理的話，一定會成為因為雞毛蒜皮小事就變成膽小鬼！自古以來要幫男人成為有用的人，是女人的分內事，不過希望這次你就大人大量。」千東基代理聽了丈母娘偏袒自己，並且包容維護的話，感到鼻頭酸澀。天使太太的生母，所以可說是元老天使的丈母娘，其溫暖的理解心泛進千代理的腳底。

多虧如此，不再傷心也不再痛苦，從暖熱的心房開始生出翅膀。他好像也變成歡欣的天使。

就這樣千東基代理以極輕快的心情，正想要邁步進去。就在那時，他的身體某處僵硬起來，一抹陰沉的疑懼心讓他一下抬起頭來，然後就像壞心的惡魔一樣開始竊竊私語。

「那個朴老先生的兒子，這小子到底是哪個傢伙？在遇到我之前，兩人之間什麼事都沒有嗎？」

鱷魚潭裡淘金術

「一起吃午飯吧。我來請客。」

千東基代理走近之前有意保持距離的高尚杜課長。隔了將近一年，高課長也想到過去一年間物理上、心理上的距離感，短暫地露出呆愣的表情。然後一抹肯定的微笑飛到眼前。

「真是難以拒絕的提議啊，好，走吧！」

達成決議，午餐地點就是位在大馬路邊的巷子裡面，安靜而乾淨的韓式料理店。這是適合一邊吃飯一邊聊天的場所。在點好餐等待的空檔裡，高課長率先開口。

「所以，當了爸爸的感想如何？都已經過一個月了。」

「還有點暈頭轉向，沒有實在感。應該說是像在用功

考試中拿到滿分的心情嗎？既覺得像是做夢，又暗暗擔心下次的考試。」

「哈哈！說得沒錯，是拿到滿分的心情吧，但不用太過擔心。從下次考試起，即使唸到兩個鼻孔流血，要拿到滿分也是很難的吧。」

「耶？」

「你現在才通過資格考試而已，成為爸爸的資格考試。但是養育子女的事，比生小孩還要難解，是更高層次的考試，所以敞開心胸吧。」

「是這樣啊。」

千東基代理點點頭，但是並不表示完全了解或者同意高課長的話，因為對於「要更有責任心」的他來說，「敞開心胸」無異於是叫馬拉松跑者去競走。

但現在是即使說要競走，也必須拿出進度的時候。這該如何打算才是……在一年前以超過價值100元的咖啡，聽到小氣鬼的由來，那麼現在價值400元的午餐，應該可以要求高課長全盤托出累積財產程度到了就算當場辭掉工作也生活無虞的「小氣鬼理財術」。

「那麼敞開心胸之後，錢包應該要怎麼樣處理呢？」

「填滿它,假的?正確答案。那麼這次我來考你一題吧,你覺得錢包要放多滿才會滿足呢?」

「什麼,這個嘛……」

要多的話,愈多愈好吧。300萬、3,000萬、3億,不然30億?可是3億或是30億要放到錢包太花時間了。要找到那麼大的錢包好像也不容易。再加上還得另外找專人來管理錢包。自古以來的法則,魚若愈大,也會引來更多蒼蠅。意外的傷腦筋事兒多半是在操煩瑣事。決定性的問題是賺到這麼多錢的可能性是零的事實。

那樣的話,300萬或是3,000萬怎麼樣呢?300萬好像有點少,3,000萬不就是最近人們大眾評選富豪的最低額面價嗎。沒錯,錢包裝了3,000萬左右應該就會滿足了。

「3,000萬!光是聽到,心就快要揪起來的巨款。好了,那麼想想看以你現在的情況,怎麼做才能存到3,000萬。」

立刻想到的答案是儲蓄。東扣西減,每月實領的月薪大概75,000元。然後再東扣西減,最多每個月存個35,000元的話,我看看,一年42萬元,十年就有420萬元,要到3,000萬的話……

要這麼久啊!得花上70年!計算結果一下就出來了,

就算再加上利息，有生之年恐怕是摸不到3,000萬。真是揪心的事啊！做一個存3,000萬的祖傳存摺留傳給女兒？那麼在這孩子在世時看不看得到3,000萬的曙光呢？只有一件事是確定的，那就是女兒最終也會心都揪在一起的。

「看來要存到3,000萬，除了那條路之外別無他法？」

「哪條路？」

「我是說樂透！」

千東基代理心裡突然覺得很受傷。我所需要的不是樂透而是理財技巧！本來還想再接著說一句什麼的，但點的食物上來了。就這樣，樂透還有理財技巧都關在嘴巴裡，緊貼在飯桌邊上。

飯菜還有湯都上到桌上了，湯匙和筷子在用眼睛就能微妙地感到美味的食物之間來回兩三次之後，高課長開口了。

「我來說一個有趣的古老故事，想聽嗎？」

怎麼冒出古老故事？千代理停下筷子，一臉沉默的表情。

「很久以前，旅人甲和旅人乙一起趕路，途中遇到了大河。河水極為清澈，在擦洗頸子之際，旅人乙突然指著

水底這樣大叫著。是金子，黃金！

　　旅人甲仔細瞧著河水，真的在下面鋪滿金光閃閃的金塊沒錯。兩人高興地彼此緊抱著。旅人乙迅速脫下衣物，打算直接跳進水裡。

　　但是旅人甲制止旅人乙這麼做，同時指著河水。看看那裡，朋友！金塊中間不是有人的骷髏嗎。這裡好像是很危險的地方，再多觀察看看之後，再去撈金塊。

　　然後兩個旅人到處察看河水，剛好有個背著背架的男子走過來，旅人甲問背著背架的男子，水底金塊之間骷髏遍佈的緣由。

　　被問的男子說，這河裡住著可怕的鱷魚，平時躲得好好的，想撈金塊的人跳進來的話，一定會出現抓來吃掉，因此自己不敢跳進河裡，只能每天取水去糊口飯吃罷了。竟然是這樣的回答！

　　聽了大致原委的旅人乙大失所望，明明金塊就在眼前，怎樣也不能放棄吧。因此纏著做水買賣的男子，求著說如有什麼能撈金塊的方法，一定要告訴我們啊。

　　曾經聽過此處每百年會犯一次洪水，此時沉在底下的金塊會浮上水面，做水買賣的男子留下此話，就回去村裡了。旅人乙當場宣誓，絕對不離開此河直到犯洪水為止。

但是旅人甲卻是仔細思考著什麼，然後去到做水買賣男子的村子。在村子裡借了背架，開始取水來賣。他用這些賺來的錢，買了一大塊羊肉回到河邊。然後靜靜觀察河裡，接著丟出手裡的羊肉。

　　馬上從河裡泛起巨大的漩渦，同時大得嚇人的鱷魚現身了。看到鱷魚猛啃著羊肉，旅人甲撲通跳進河水裡。然後很快地下去水底撿起一個金塊，就游到河邊起身來。

　　再來也不用多說了吧？不就是得到寶物的快樂結局嗎！循此條路，旅人甲拿著金塊回到村裡成為富翁了。」

　　高課長再度舉起湯匙筷子。有趣的古老故事結束了的樣子。千東基代理對課長的故事所得到的感想，與其說是有趣，倒不如是奇妙。到底為什麼要說故事呢？旅人甲是什麼？而旅人乙是什麼？而做水生意的男子是什麼，躲迷藏的鱷魚又是什麼呢？

　　還有沉在水底的金塊、人的骸骨、羊肉之類，為什麼都搬到應該討論理財術的神聖飯桌上，好像知道又好像不知道。這個疑問在高課長吃了一口飯配湯之後，開始慢慢解答。

　　「你在思考說，為什麼說這不相干的故事吧。回過頭來這樣想，故事裡出現的河水是金錢流通的市場，旅人甲

和乙，還有做水生意的男子即是爲了賺錢而接近市場的投資者。

　　其中旅人甲是愼重並且理性地運作的投資者，相反地，旅人乙應該說是即興地行動的投資者吧。那麼做水生意的男子呢？看做是以安全爲優先的保守又小心的投資者就對了。

　　而沉在河底的金塊是所有投資者最爲期望的暴利，人的骸骨可以說是對暴利虎視眈眈而輕易跳進去，落得慘敗的投資者。

　　這樣的話，鱷魚在這裡是？當然是指在市場裡潛在的危險要素。而且旅人甲丟給鱷魚的羊肉就是有效並智慧地運用的投資資金。以上這些搭在一塊兒，編成有趣的故事，這正可看成是理財的世界！」

　　千東基代理認爲相當不錯地點頭，同時思尋自己應該攻占的部位，像鱷魚一樣大口吞下去。

　　「想要成爲旅人甲應該怎麼做？」

　　「首先對於自己的處境必須要了解。舉例來說，認爲不管怎樣城牆要夠高才是最強的城主，決定要建一百公尺的城牆。可是實際上要做工事時，發現現有的材料只有泥土而已。這可說是沒有面對自己的處境而遭致失敗。

假如城主來理財的話，十年內要存上千萬，那麼每個月必須就要存近十萬。用這種方式，明顯只為配合目標而計劃，不問其他現實狀況而沾沾自喜訂立計劃，看來就完全像是旅人乙的投資者。

這種人只關注自己想要取得的幾千萬而已，對於如何取得的現實面的手段全沒概念。因此為了撈到金塊想要不顧一切跳入住著鱷魚的河裡，更為了等金塊浮起而愚蠢地賭氣要百年盲目死守著河。

另一方面，了解自己處境的人，知道我所有的資產和負債是這樣，收入和支出又是那樣，因此每月固定要這樣那樣丟下多少，在幾年後會存到多少，以此方式訂定具體而符合現實性的計劃。是像旅人甲這樣的投資者。

一般來說，這樣的人取水賺錢，賺了錢去買羊肉，買了羊肉去誘騙鱷魚，誘出鱷魚再撈出金塊，此方式循序漸進而具戰略性的理財術是可行的。」

必須了解自己？聽起來簡單但要實踐卻很難的話。但也是不能不去看到滿佈在那底下的金塊的話。高課長對此沒有什麼多加著墨，繼續毫無窒礙地高談闊論。

「再來必須了解的是環境。某個將軍將軍隊屯駐在草叢裡。但卻不幸遭受到敵人火攻，部下損傷大半，這是沒

能正視自己所屬的環境而經歷的失敗。

必須知道現在的理財環境是什麼狀況，也才能進行理財，這可是多說兩遍就要內傷的常識。那麼來觀察一下實際的理財環境是怎麼樣的？如你也很了解的，首先因為醫學發達，人民的平均壽命增加了。這是什麼意思呢？是說退休後的老年將會變得很漫長吧？

所謂老年的生計，大抵是年輕時賺得的積蓄，或者沒賺什麼財產的話就要靠子女們來維持不是嗎。所以要活得久，財產是根本之計。而和子女的扶養問題則會有糾結不清的狀況，本來長壽萬歲突變成為長壽末日了。

再者，當今也不再是像以前一樣毫無節制生小孩的世代，老年能夠依靠的子女也不多。

有句『老年比死還要恐怖』的話，是古羅馬的一位諷刺詩人吟詠的吧。老了、沒力量，連錢都沒有而遭受排斥的老人們，其悲哀要比這更切實而簡潔地表現也不是容易的事。遙遠時期的羅馬人都這樣了，像最近這樣看重金錢的世界裡，老了又再加上貧賤的話，會受到什麼待遇也沒必要再贅述了吧。

那麼年輕有力的時候，就算是一天也要多賺點錢才是，實際狀況哪是如此呢？公司會不會常態性結構調整而

裁員都不知道。

　　賺來的錢晾在銀行放著，反而算是折損不是嗎。因為考量物價上漲率的話，銀行的實質利息其實是零。

　　因此總是要在哪裡投資一下，然而四處投資最後失敗的傳聞比比皆是，在公司裡熬著匍匐前進，因為所知的理財術除了與銀行來往之外便沒了。這個正是和賣水維生的男子相同的小心型投資者狷獱的理由吧。」

　　千東基代理回想著自己在狷獱的群體裡匍匐前進的處境。然後他的心就像到了月底的月兒一樣萎縮起來了。對一下子萎縮而變得意志消沉的千代理，課長咻地丟來不那麼尖銳的問題。

　　「哎，你不用擔心啦，對於旅人乙呢？」

　　「這個嘛？故事還沒有結束嗎？」

　　「當然還沒結束啊！事實上這個故事的主人翁是旅人乙。跟你也非常像喔。」

　　「像我？我怎麼會和乙……？」

　　主人翁的旅人甲很聰明變成有錢人，笨蛋一樣的千東基全力挑水去賣也不會變成富翁……不是在這樣的主題之下落幕的故事嗎？而且為什麼突然挑出旅人乙呢？那人和

75

我哪裡像了？

「旅人乙如我先前說的，不離河邊一步。百年期間，堅決地死守等待著。最後洪水來了，可以看到沉在底下的金塊升到水面上了。」

故事的主題忽然突變成「至誠感動天地」的劇本。真是有趣的古老故事！

「旅人乙也變成富翁了。比旅人甲還更有錢！」

千束基代理故意做出愉快的表情。和我很像的傢伙變成有錢人，不表示高興的話不是不禮貌嗎。可是回過頭來課長的回答出人意料。

「不是的。沒有變成富翁。就那樣呆呆地坐在原地，最終被捲入河底了。」

「這樣啊？可是那麼倒楣的人怎麼會像我呢？」

千束基代理用有點帶刺的聲音發問。就算不這樣，也會回到先前意志消沉的局面裡猶豫不決的心情！但是課長才不理會這種心情似地，噗嗤一臉笑著回答。

「像你這樣的人求著要做理財，一定和旅人乙一樣做些搞砸的行為。即興式而無謀地行動，最後一定是會大敗的。所以我想勸告你，乾脆像那樣賣水維生的男子過活還

好一點。記住一點，理財術並不是樂透。」

　　千東基代理閉緊雙眼。故事的主題又被換掉了。「要依你原來的樣子過生活！」叫我聽這樣的故事，我就要替那個小氣鬼出貴死人的午餐嗎？喔，該死的，我的錢800元！

生涯規劃處方箋

　　「接到高尚杜先生的電話，所以在這裡等候。很高興認識您，我是理財服務專員尹理貞，請叫我尹專員。」

　　衣著端莊的女性臉帶愉悅的笑容，伸手握手。看來和太太年紀差不多的尹專員明亮的表情以及洋溢親切和自信的態度，千東基代理很滿意。也因此心情感到稍微放鬆一點。

　　在高課長的介紹之下，和從事理財服務專員這個不太耳熟的職業的女性約好會面時起，千代理一直無法揮去猶豫不決的感覺。事實上他是想向高課長學習一手理財術，而不想對著理財服務專員，字面上解讀為財務調整者，將自己搖搖欲墜的財務狀態像是解剖學實習似地，連內臟都掏出來接受診斷。

因此依照約定會面的時間，驅車開往江南車站的路上，千代理一直不斷對抗著想要掉轉方向盤的念頭，也生起該不會是白費工夫之舉的悔意。

　　「想成是診斷和處治你家計的財務就行了。」

　　聽到高課長說這話時，覺得那麼何妨一試，然後慢慢疑懼之心加深了，做了診斷和處方，我家人的生活果真會改善、變好嗎？儘管一個家庭的生計規模很小，但是渺小而細微、細微卻複雜，要能每日每日不停地追蹤節制錢的流動，看來是不可能的。

　　「先生您從現在起接受生涯規劃。所謂生涯規劃，把它看成是一個人長大成家之後生子然後變老，對於整個人生最低的財務計劃就對了。再換句話說，也可說是實踐先生您希望生活的模樣的資產運用計劃藍圖吧。」

　　「那麼是說只要照著生涯規劃去做的話，不管我期望什麼都能達成嗎？」

　　「不是什麼都能達成。

　　假如是年薪領170萬元的人，要求編織在十年後能夠拿到1,700億元的計劃藍圖的話，他所需要的不是生涯規劃而是魔術規劃吧。

我幫您設計的生涯規劃，是將先生您人生周期內發生的金錢流轉，做健全而效率性的管理。所以把它看成是幫先生您迎向……可以自負說，我所期望的生活是只要像這樣好好認真過活就應有的成功生活，這樣的未來的長期性財務顧問系統就對了。」

　　尹專員再多強調一件事實，生涯規劃不是一次就結束了，要持續地監控變化的個人環境和金融環境，每兩年做一次顧客的財務結構重整。

　　以產品來說的話，會確實地提供所謂的售後服務的事實，取得千代理的信任。將自己家裡得了內傷的家計財政交託在此處的話，會以高明的技巧治癒吧，這樣的期待感也微微生起。

　　真是百聞不如一見。推敲估計才會增加的不是疑心，而是推敲能力了，既然也不是要從月薪族轉行為偵探業者，試試看也好。

　　做為的話，總會產生做為的功過，在最後另外再論功行賞就好了。

　　聽取生涯規劃的說明過程中，了解到一對夫妻生下子女，教養長大使之成家之後，渡過平順的老年時期然後到死亡為止，總共得花費大約達到4,200萬元，原本即驚魂未定，心理上也呈現有點微微昏暈狀態的千束基代理，頓時感

到大爲氣餒沮喪。

　而且在總費用中，光老年生活資金在基本生活費的每月零用錢合計最少就要800萬元，聽到這話，對於未來需要子女奉養父母的想法，精神不能不振作起來。

　哎喲，不肖子女會不廢話也不鬼哭鬼叫地供給生活費和零用錢嗎？現在什麼都不準備地過下去，到了那時哀哀求告要女兒將近二十年分期付出巨額的錢的話，一定會吵著要切斷父女關係的，難道要在這小傢伙斷奶那天開始就強烈灌輸三綱五倫嗎？

　爲了要塡寫生涯規劃的基本資料，千東基代理接下綜合財務顧問申請書開始塡寫。首先一眼看到塡寫的項目是家人的個人資料。

◎家庭基本資料表

身分	姓名	身分證號碼	出生年月日	職業
本人	千東基	E12xxxx847	1973年x月x日	公司職員
配偶	秋薔薇	N21xxxx029	1976年x月x日	主婦
子女	千眞	E23xxxx938	2006年x月x日	無

兩天前從鄉下寄上來熱騰騰的小孩名字，拿去區公所報戶口才剛過了一天。將出生的事實公諸於世後，曝光在陽光之下還不到一天的女兒名字，千東基代理一筆一劃用力寫著，頓時無限感慨。

　　千眞，這名字取得眞好！尤其千代理對自己小孩千眞這個名字，首次出征項目爲確保家庭未來的財務計劃的事實，覺得有氣氛很好的預感。

　　他接著填寫的是年度所得和財務目標。扣掉稅金和四大年金後，年薪計算結果是90萬元。解答出每月爲75,000元左右的決定人生。

　　這裡是幾百萬，那裡是幾百萬，在這個動輒好幾百萬的世界，不能不對75,000這個宛如帶著貧乏彈藥守衛自己家人的藍波一樣的數字表示敬意。但是數字中挪用一部份在喝酒交際和購買樂透，心裡某一角落因爲這個不好的回憶而隱隱作痛。

　　財務目標定爲在未來十年內還清包含擔保債務的所有銀行債，另一方面，拓寬現居的18坪公寓搬到接受分讓（註：政府支援預算或國民住宅基金而建設的公共住宅中，一定時間賃貸後分配給入住者，類似台灣的國宅預售屋）的33坪公寓。雖然是訂得有點貪心的目標值，但這個果眞能結成嗎？不過想想十年後是接近四十的過半年紀

◎資產／負債表

資產項目

公寓（18坪）	270萬元
自用汽車（1,500 CC）	20萬元
定存金（包含請約賦金10萬元）	25萬元

資產項目

房屋貸款	100萬元
一般貸款（相關連帶擔保）	70萬元
赤字貸款	10萬元

了，必須到這個程度，對於老年的計劃才有助力不是嗎。

考慮好一會兒，訂好財務目標之後，填到資產及負債相關項目。

資產總額為315萬元，負債總額是180萬元。

夫妻年紀相加起來，馬上就要超過一甲子的千代理和太太，將來的正資產剛好是135萬元！是比金條還要珍貴的軍備資金。將來是好好運作它，把身體養得白白胖胖呢？或者變得乾乾瘦瘦的？他和太太和小孩的未來隨之會

有不同的表情。

從正資產零或赤字開始，而開創巨大財富的立志傳記人物也很多，自己從出發點起就擁有135萬前進的事實充滿心中。啊，終曲也一定會像這樣滿載而歸才是。

填寫每月生活費和金融管理支出細目這事，必須要管理月薪的太太幫忙。高課長是有勸說儘量和太太一起接受生涯規劃，但是對學長擔保債務事件的餘波尚未平息的狀態下，向老婆用辭遣字都要很小心。再加上又有說要力行

◎每月金融管理儲蓄／支出細目

定存：1萬元

保險（本人癌症險1,500元 ＋ 太太健康保險1,000元）：2,500元

房屋貸款利息（5.5%）：4,500元

一般貸款利息（12%）：6,500元

赤字貸款利息（11%）：1,000元

每月生活費

月平均薪資75,000元－金融管理金額24,500元 ＝ 50,500元

理財技巧，大費周章卻不到三天就放棄的前科，提議一起來訂定理財計劃絕對不會有好話的。

千代理打電話回家給太太，假裝順口問起定存之外有沒有繳什麼錢。還有太太沒有把整個月的生活費情況記在家計簿，因此不知道詳細的細目。所以從月薪扣除金融管理金額的方式，推算出這個費用。哀哉，前科犯苦不堪言的身世誰人知……

千東基代理似乎在考期末考一樣的氣氛下，寫完綜合財務顧問申請書並遞給尹專員。不知怎地好像拿掉重要內容不寫而造假，結果不太理想，啊，這樣就麻煩了，還是依生活實情來寫吧，也有聽從這樣的聲音好嗎的不安感。這樣造假加上不安感而變得焦躁的千代理，手裡終於拿到期末考的成績表了。

「現在千先生您的家計財務中最緊急必須解決的部份，正是連帶擔保債務。因為12％的高率利息繼續拖累下去，任誰都會受到損害的！

建議您，於現在保有的定存金25萬元之中，將除了請約賦金10萬元剩下的15萬元解除外，再以房屋擔保多貸35萬元去減少擔保債務，這樣比較有利。

那麼對15萬元一般貸款利率和定存利率的差異是

8.8%，對35萬元的一般貸款利率和擔保貸款利率的差異是6.5%，利息支出就有改善了。對15萬元8.8%是13,200元，而對35萬元6.5%是22,750元，所以算出一年下來36,000萬元，每個月的話約為3,000元的肯定現金流失。這個活用在理財上就好了。」

隨後又教導千代理說，剩下的擔保債務以後用產生的盈餘資金，而住宅擔保貸款以年終獎金，花幾年時間償還。這樣做，即可把家計財政弄得烏煙瘴氣的擔保債務一刀切除，轉變為理財的計算魔力，千東基代理覺得太神奇了，心情頓時輕鬆起來。

在這中間，尹專員也以親切又洋溢自信心的明快聲音，繼續進行財政分析。

「沒有特殊目的，每月付出1萬元的定存也解約，追加還掉擔保債務似乎較好。繳納金1萬元拿出其中1,500元，和擔保債務利息減少的那3,000元，合計每月4,500元以三年期加入最近市場上高人氣的儲蓄式基金也可以。

再拿6,500元放在可做先生將來危險預備的保障，也可投入投資標的的變額環球中心保險，而剩下的2,000元買個夫人將來的健康保險的話，長期性安全而優秀的理財看來可行。」

◎貸款利率調整計算

12%（一般貸款利率）－ 3.2%（稅後定存利率）＝ 8.8%

12%（一般貸款利率）－ 5.5%（擔保貸款利率）＝ 6.5%

13,200元（15萬元 × 8.8%）＋ 22,750元（35萬元 ×

6.5%）÷ 12個月＝3,000元

「你說變額什麼保險？」

「是的，變額環球中心保險！通常說到保險的話，常識上是對要保人只要支付原先約定好的保險金。但是這個商品是要保人繳納的保險費的一部份提供保障，用大部份的保險費組成基金，在股票或債券等做投資。在那之後產生的利益回饋顧客，可以想成是這樣的投資型保險。

因為是實際分紅型的金融商品，當然也可能會有本金損失，但是收益率好的話，可以期待會有更多的死亡保險金或解約退還金，又即使收益率再差的狀況下，死亡保險金的部份，顧客還是可以享受到最低保障。

而且具有像銀行活期存款一樣的優點，在加入期間若突然需要急用時，可以不損失積存金額自由領出，這點在市場裡反應相當良好。

還有一點，在老後可以結束保障並轉換成年金，一輩子領取年金，因此多會推薦給顧客這個為老後準備的長期性財務商品。」

　　變成保障、儲蓄、到投資？甚至最後到年金？在有點變得目瞪口呆的狀態下，千東基代理也聽到對於儲蓄式基金的說明：是結合了具有銀行定期定存安全性和股票投資收益性的商品。

　　投資者每月積蓄一定金額，投信營運師再將其投資在股票和債券以提升收益的間接投資商品。每個月像繳定存一樣，將錢交給專業者去運作，因此收益性和安全性比個人直接投資來得高，是適合儲備大筆金錢的理財方式。

　　「像這樣將家計的重心以變額環球中心保險和儲蓄式基金來運作，同時為危險預備和資產增值來謀劃。如果夫人在一定時間點一起工作的話，先生您設為十年後財務目標的33坪公寓，購置所需的準備資金籌措看來就不難達成了。」

　　千代理認為，如果事情都像尹專員提案的生涯規劃一樣進行的話，真的是別無所求了。無論如何，對之前築著理財牆過來的千代理，越過牆來的世界看來好富足。世間在變額、儲蓄式、生涯規劃，整個理財的饗宴中而繁榮了。

因此原本等著樂透大餐的千代理，要收拾學長翻倒飛掉的債務酒席，於是讓自己的飯桶變得空盪盪的。因為空盪所以胡亂吞吃地把他的肚子填飽了，現在終於開始要來餵飽還沒越過牆來的自己妻兒。

　　「親愛的！快點帶小眞越過來這裡。這裡到處是吃的東西。有變額喝，儲蓄式吃到飽，也可烤生涯規劃來吃！你生了小眞而變扁的肚子，我要再餵飽來，快點，嗯？嗝！」

清算債務　迎接理財元年

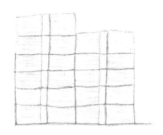

「所以說呢，這樣做把債務一舉擺脫掉！」

對於千東基代理儘可能快一點，而且多一點把擔保債擺脫掉的意見，太太完全贊成。一年內光利息就要8萬元的銀行債務，自己也是認為怎樣都要還掉。但是兩人的呼吸並非始終如一首尾相連地互相配合的。

「而且隨著銀行債的利息省下的那些錢要來做理財。」

省下的利息要做理財的意見，將兩人的呼吸像分開中國人的木筷子一樣直直切開了。

利息減少的話那就是減少，什麼省下來的錢，用那個錢去做理財，又是什麼頭殼壞掉的話，這是太太的主張。這種局面下，說什麼變額環球中心保險、儲蓄式基金的話，太太耳朵根本聽不進去。

91

不過千東基代理早已預見會有這種反應。他在不到一年前說要來理財而惹出風波，對此記憶深刻的太太，期待會有「又說自己要理財？真是太好了」這樣的歡欣心情是沒道理的。那就像在沙漠要找壺冰水，在南極要做沙蒸療法一樣，都是難以期望的事。

　　因此千代理下定決心要照自己希望的原始想法去推行。同時從他的嘴裡吐出「明年是我們家人的理財元年」這樣的宣布。太太對此不知是啞口無言，還是有點等著瞧吧的意思，一臉目瞪口呆的表情。

　　次日，千東基代理比平常早了半個小時起床。對此以前沒有過的舉動，太太的臉看來好像有點驚訝。但反應也就到此為止。雖然在太太的立場是感謝千代理一早不用人叫就起床，但卻猜想這行為會持續幾天呢。

　　起得早，所以上班也相對變早的千東基代理，像勤勞的鳥啄食飼料一樣，坐在地下鐵電車的座位上開始啄食經濟新聞。

　　和總是夾在人縫中，像養雞場的雞隻一樣動彈不得的尖峰時段的氣氛，是完全不同的樣子。

　　在上班時間還沒到的辦公室內，他也可以追啄完報紙再悠閒地開始早上的工作。像穿上新衣扣好第一個鈕扣時

的氣氛一樣，以全新的心情來工作，事情好像也被賦予活力和速度了。

對於下班時候熱邀喝一杯的誘惑，也可以一併推辭掉。不到酒店而是書店，去挑選理財的書，回到家裡不看電視和談情說愛，而是坐在書桌讀書，剪貼經濟新聞記事，瀏覽網路一一研習理財資訊。

在這期間，千代理單方面決意將70萬元的擔保債下降至20萬元，並且加入變額環球中心保險和儲蓄式基金。太太對這樣的獨奏保持沉默，千代理把這當做默認了。

兩手抓住「有志者者事竟成」和「真實是要通得過考驗」的話頭，強力邁著理財的步伐輕鬆過了三天，經過十天大約搏戰到十五天時，千代理猛然在太太的臉上發現首肯的曙光。

也在趕緊確認太太別無他法和真實通過了之後，千東基代理的步伐像生了翅膀一樣，開始起了加速度。有時早一個鐘頭起來，對正在洗米做飯的太太說在煮飯啊，也會接到去跟天下第一的高尚杜課長要免錢的午餐吃的嚴重警告。但是他源源不絕的動力，大部份都泉湧到學習和實踐理財的方向。

配送到家的報紙換成經濟新聞已經很久了，不時進出

經濟專門網站「MoneyToday」，也加入理財讀書房的會員。這樣的話，成爲富翁的有名講師，或者如此而成爲富翁的理財成功者演講會，只要地點OK和時間許可便去參加，猛烈地吸收變成有錢人的哲學和靈感。

然後有一天參加在世宗文化會館四樓會議廳展開的某「變成富者」的講座時，以下的一句話猛地嵌進腦裡。

「請記住清算債務是要變成富翁的基本工程！」

當場在腦子裡開始喧囂的是遽降至20萬元的擔保債。那就像惡性腫瘤一樣在千東基代理的腦裡隱隱作痛。這要怎麼清算？他抓住新的話頭開始呻吟。

從睜開眼睛到閉上眼睛爲止，千東基代理在地下鐵也是、在辦公室也是、在餐廳也是、在廁所也是、在書店也是、下班後在房裡也是，一直不斷重覆20、20、20萬。好像20萬擋在前面所以到現在無法變成有錢人那焦急的樣子，太太看不下去說了一句話。

「爲那每個月利息還不到1,500元的債，你也太過庸人自擾了吧？」

「什麼話？就有年產千石地主因爲家裡一隻田鼠而破產的事，哼！」

「那又是什麼話？千石地主怎麼會因爲一隻田鼠而破

產？」

「好好聽著！歲月怎麼荏苒千石還是那千石。可是田鼠是怎樣？一隻生小老鼠變10隻，10隻再生小老鼠變100隻，100隻再變成1,000隻，以這方式爆增下去，最後把千石全都吃光破壞了呀！知道嗎？」

太太真的是啞口無言，但是千代理也有很深的感觸。雖然實際上並沒有千石地主因為一隻田鼠而破產的故事，他沒有抓到像田鼠一樣的20萬，好像就沒有可以做好理財的自信，於是對未來也無法產生確定。參加成為富翁的特講之後已經變成這樣了。

抓著20萬清算的話頭戰戰兢兢了好幾天，把千東基代理的擔心一掃而空的正是金代理。吃完午餐到大廳喝咖啡這當中，金代理對他要求說如果知道有中古車賣場的話幫忙介紹一下。自己的小姨子這次考到駕照，第一次開始開新車，想說先開中古車看看吧。

一聽到這話，千代理的腦裡一亮。對了，就是這個！正中下懷。像閃電一樣掠過他腦裡的想法，是把自己的車賣給金代理。金代理的保證之下，他的小姨子和千代理之間通了電話，當場提案講價並完成口頭契約。車子過戶的日子定在禮拜六下班回家的時刻，車價20萬元在領收車子的同時付款到千代理的戶頭。

那天晚上一回到家，千東基代理意氣揚揚地告訴太太車子賣掉的事實。真高興！終於解決20萬的問題了。啊！真的嗎？老公，太棒了。辛苦了！

正常的話大概會以這樣的氣氛回話才是，但和期待相反地，整個家裡瞬間變成冰箱。因為太太兩次、三次、一再重覆地表明對賣車絕對反對的意思。

「明天就去說，不賣了，沒得談！」

在太陽穴的青筋突起，太太露出一臉冰冷的話，足以讓千代理的心臟糾結。跟冰女沒有兩樣。以前看起來袖手旁觀的太太，究竟在身體哪裡藏有這般冰冷的力量。在那股力量面前，反而束手無策的是千代理，他太遲發覺到自己的性急和愚蠢。

次日，千東基代理睜開眼睛後30分鐘，都賴在被子裡，在像雞場一樣的電車裡被人潮折騰，像扣錯第一顆鈕扣一樣，以歪斜的心情有氣無力地開始工作。

因為處於擱淺危機的債務清算問題，整天的胃口都退潮了，但卻沒對金代理露出一點聲色。這當中收到太太說今天早點回家的手機簡訊。一回到家就會被太太追究車子問題，一想到這事眼前就黑了一片。

一旦問起的話，只能回答已經說了⋯⋯而且明天真的

得向金代理說才行。這樣想著回家時，千代理可以面對表情變得更加明亮的太太。冰女的臉上流動著像春水一樣柔和而溫暖的氣韻。千代理猜想是怎麼回事。

但是怎麼回事的並未到此結束。太太烤了豬腳和燒酒一起端上餐桌。以心驚膽顫的氣氛坐到座位上的千代理心情猶豫不安，因此不太想把豬腳塞進嘴裡。

車沒賣掉是值得這樣慶祝的事嗎？他沒碰肉或飯，手裡先拿起燒酒瓶時，太太問了。

「今天說了嗎？」

「呃？嗯，對啊。」

「對不起，讓你做不想做的事。假如你沒說的話，其實是還蠻好的事……」

「你說什麼？」

「我並不討厭把車賣掉去還債。只在周末有車可坐，有也好，沒有也好都沒差！」

到底在說什麼？千代理不得不懷疑自己的耳朵。那麼反對完之後？

「我真正討厭的……是你的態度。你一個人痛苦再下決定的態度是很討厭的。那次去見財務服務專員做理財計劃也是這樣，如果之後你做的行動和這次車子的事，全都

讓我和你討論一起痛苦的機會的話，我也不會那樣冷淡或是反對的。

想要使自己家人過得更好而費心的丈夫，世上哪個女人會去牽絆他的腳步呢？我是家人，而且又是你的太太，所以有一起痛苦和分擔責任的權力不是嗎？所以以後你千萬不要一個人決定……也讓我加入。

清算那慘痛的擔保債的高興日子，我也想要痛苦和享受。知道嗎，我這種心情？」

千東基代理凝視著太太濕潤的眼睛。千代理不忍對望太太這樣的臉而低下頭來。這樣事和太太一起商議是很好，是家人的事不是嗎！去接受生涯規劃前，高課長的囑咐仍鮮明浮現腦裡。

太太接著對這樣的千代理提議乾杯。主題是為我們家裡的擔保債清算！一直光聽太太說話的千代理緩緩抬頭。然後和太太碰了杯子。嘩地快速流入喉嚨裡的酒味又涼又甜。

「呵，真是糟糕。酒這麼甜的話怎麼可以呢。」

對著故意說得天花亂墜的千東基代理，太太露出歡欣的微笑。不知是醉在那微笑裡，或僅僅醉在一杯酒裡，不然就是又醉在其他什麼東西裡，千代理的臉徐徐地染紅了。

補垣塞穴省開支

「和以前很不一樣的是這個嗎？」

「對，那個也會大大不同！」

「不管怎樣總是好事不是嗎，你覺得呢？」

「那樣做，應該會是這樣吧！」

千東基代理心情很複雜。因為兩個半月前起太太秋薔薇開始大變身。太太拿出第一次在文具店買回來的厚厚家計簿時，以全然的肯定和期待感表現歡迎之意。在底下會漏的甕子裡倒水，從外面再怎麼努力倒進去，從裡面漏出的話，一點用也沒有，這也是他對理財的想法。

那陣子太太尋找能幫助家計的方法，搜尋網站，或者詢問身邊的人。翻遍各式各樣的書，弄懂節約的秘方之

後，開始在生活中一一實踐。

　　名字亦可叫做節約理財的生活智慧，太太把它叫做「塞田鼠穴」。把千石地主弄到破產的田鼠，當然在家庭生計裡是用不上的，要塞漏錢的洞算是毅然決然意志的表現，而同時首先展現的正是家計簿。

　　太太喃喃說要記家計簿一陣子。光看表情的話，像是想要當場拉扯自己頭髮的心情似的。首次上場來記家計簿，一開始就要寫的流暢是決不可能的。計算機敲敲打打，收據翻翻找找，寫好的項目再看一次，可是計算還是都不符合吧，神經質地把家計簿蓋上，然後又攤開來再來過。

　　有時睡一睡喉嚨渴了來到廚房，還看到太太坐在餐桌和家計簿角力的模樣。問說為什麼覺都不睡幹嘛這麼認真，太太回答說必須全面掌握錢的流向才能找出田鼠洞不是嗎。但要描述出錢來去的樣子，光想就不是容易的事，以致於深深吐了一口氣。

　　錢進來的洞是一個，錢出去的洞從大的到小的超過二十個都有的生活，仔細去算的話隨便就三十個，不、可能有超過四十個。因此這些毫不遺漏地事事監控，記錄金錢支出的作業是很了不起的。這什麼回答。簡單地，而且直接地說，就是很麻煩的事。

麻煩的話，手拍一拍站起來就好了，但太太看來卻不想置之不理。先生已經做了改變，決心要一起承擔先生的抱負的立場不是嗎！再加上隨時得要嗷嗷待哺的健康孩子，掌上明珠女兒也嗯嗯呀呀地也給予加油打氣。

　　託她的福，到了早上，太太熬夜抓下的頭髮佈滿餐桌。不，是沉浸在此錯覺的千代理，心中有點捨不得太太。女人啊，你的名字是弱者！因此我們的哈姆雷特千代理，如果自己的奧菲莉亞是為了與家計簿角力而變成禿頭的話，想必還是會欣然買假髮給她的。

　　哪裡懂得先生這樣的心思，太太檢視家計簿，翻找口袋，搜過皮夾裡面還不夠，連天花板或是斗櫃底下都掃過了。

　　同時抖抖掉下的一把零錢和已經零散用掉，連在記憶裡都已消失的兩把、三把零錢都找了出來，如此家計簿的

計算就快要對上了，察覺到這一點而破口失笑了。

零錢大概計算起來，在不知不覺之間，一點一點流出去的錢一個月隨便都超過500、1,000元。像以前不怎麼在意的金額，從記家計簿開始，一個月的報紙訂閱費可買幾個蘋果、幾束大蔥之後，還會剩下多少，很自然地以這方式聯想起來，錢的價值從輕量級到重量級直直增加，太太如此說明著。

因此太太把剩下的零錢收集起來，準備去市場時掏出使用，同時為了防止不必要而即興式的消費，開始養成習慣作好購買物品目錄，並且買了東西之後一定要拿收據。

經由這樣的努力，太太某種程度上已能正確而仔細地記載出當月金錢的流向。開始記家計簿才兩個月，接著現在要在許多洞中，找出不必要地漏出錢的洞，即田鼠洞的防堵之事，是現在輪到根本上必須執行的事了。

太太尋找和防堵田鼠洞既神速又果敢，而且無差別地達成了。最先防堵的田鼠洞是外食費。

平均一個月有四次的外食，千代理在做理財就減到兩次了，太太把它大幅縮少為隔月一次。沒有減成半年別、或者季節別，就該要謝天謝地了。

再來下手的田鼠洞是千東基代理的零用錢。從650元

下殺150元，遂減為500元。除了飯錢的話，什麼都沒剩的金額。

其他的交通費另外再議，真是太好了。還有要減少電話費，有事用手機打電話回家時，儘量用文字傳送簡訊。

這些節約措施，在力行理財的千束基代理的立場，並不是那麼糟糕的事。反而是值得歡迎的事。至少理想性來說。但是心裡沒有真的那麼愉快。為什麼這樣？不是我所期望的事嗎？

「我節省時是沒關係。自己覺得心滿意足而且很棒。但是太太說要節省並且處處抓住錢路起，心情漸漸變得不好，悶悶的，覺得討厭，想說一定要緊繃到這樣子活下去不可嗎……」

「我的話是羅曼史，別人的話是不倫，有這種事嗎？」

「這個嘛？不管怎樣太太變成冥頑的歐巴桑，是我不樂見的。怎麼說呢，應該說是女人味不見了嗎？」

「聽你這樣說的話，女人是軟弱的但是媽媽是堅強的？你還沒有準備好真心地接受變化吧。好像還有必要再多上點課。」

上課的話，現在在家也上得夠多了吧？用洗臉的水洗腳，用洗完腳的水沖掉馬桶裡的小便，或者擰洗抹布。週

末幫忙太太打掃時，推出空氣清淨機，不用吸塵器，而必須拿著掃把和畚箕作全身運動。

想到空氣清淨機，外出時拔掉電線是基本守則。還有打到鄉下的電話，也都是那種問安電話的情況下，一定要忍住，必須在非平日的週末折扣時段打才行。

不知是不是這樣都還不夠，太太的節約秘方一天變得多過一天。世上光靠想法和意志，要找到多少需要的情報才能運用，太太竟親身驗證了。

一天轉了兩三回的洗衣機，一周內要洗的衣物集合一次洗掉，用洗衣機的水來打掃陽台，最後洗完的水來擰抹布。超市通常每三天就去一次，家裡的生活用品陸續換成可再填充製品。

而且小孩需要的衣服或是玩具等，不會拒絕從親戚或認識的人拿來的東西，預防接種主要也是利用費用低廉的衛生所。

千東基代理每次看到可怕地、快速變身為斤斤計較的太太時，都會思考那女人直到現在如何那樣蒙在柔軟的表皮下生活。請高課長喝咖啡，想要解開這疑懼心，卻只得到要再多做準備，需要多上點課這樣的斥責。

就在心情鬱鬱不快之時，竟收到太太傳來意外的訊

息。

「晚上早點回來，好久沒弄烤肉大餐了！」

這是怎麼回事？千東基代理兩眼好像突然閃了一下。

都不用向甫崛起的小氣派新星開口請求，烤肉大餐即親自送上門來……這是西邊升起的太陽明天起要再回到從東邊升起嗎？把萬事都擱在一邊，早點回家去。嘻嘻嘻！

太太變身之後，第一次看到柔軟溫柔的模樣，其理由不明。借用高課長的話，從柔弱的女子變成強悍的媽媽，Ｕ字迴轉又回到柔弱的女子也說不定。事實如果如此的話，煩悶討厭而鬱鬱不樂的心一次就能治癒，但是心中某個角落好像又變卦，覺得依依不捨。

不過不論如何，現在最重要的事就是下班同時咻地飛回家去。鼻尖好像已經聞到烤肉的味道了。今天走得特別慢的時鐘，終於指向下班時間，大略看看眼色，千東基代理飛快地離開辦公室。然後立刻急步入地下鐵站裡。

如此一個小時後，千代理回到家裡時，期待的味道滿意地刺進他的鼻子。柔軟的味道，沉醉在太太再次回歸女人的味道，去到廚房一看，三道乃至四道！如太太所說的，真的是烤肉大餐。豬肉、牛肉、雞肉加上鴨肉！

「今天什麼日子呀？各種類別的肉準備得這麼豐盛！」

「什麼日子就日子吧！心懷感激來吃就行了，快點去洗澡吧。」

「小眞呢？」

「在房裡睡覺。」

千東基代理進去房間，親親睡著的嬰兒額頭之後，進去浴室沖澡。汗濕得都流下來，因此水一沖感覺更是舒服。沖完澡出來一看，餐桌上已經依類別豐盛地擺上烤肉。

千代理一坐到位子上，就急急忙忙地將一塊肉包在生菜裡塞進嘴裡。眞是好吃。

千代理依類別輪流嚐著味道，太太一副心滿意足的模樣在旁看著。同時自己也夾起一塊來吃。千代理對這樣的太太再度問起開烤肉大餐的原因。然後太太嚼著肉，生氣勃勃地回答。

「今天清理冷凍庫，看到冷凍間好多吃完留下的零碎肉塊！是有想到這些全都丟掉，到那家肉店切新的肉回來，可是我也不是那麼不懂事的女人。不論如何，託這些肉的福，我們家好幾天都不用擔心沒菜吃了。」

「老、老婆……」

千東基代理沒能把話接完。因爲剛好從房裡傳來哭

聲。睡一睡醒來的小眞叫自己媽媽的聲音。太太進去房裡一會兒後，哭聲頓時停了。千代理斷了的話因此得以再接下去。

「……畢竟是媽媽啊。無窮盡地強悍而有力的媽媽。女人？柔軟溫柔的什麼……嗝！」

理財鬥士冷水灌頂

「都已經溫室效應、交通淨化什麼的，就一定要開著那種東西跑來跑去嗎？」

千東基代理一看到路上塞滿了車時，立刻脫口而出。好像自己一次都不曾開過車似的。不知不覺他已習慣乘坐大眾交通工具了。原先到了週末手就發癢，想要抓住方向盤的症狀也消失很久了。

不開車把錢守住是好的，稍許的距離用走的過去對健康也好，捨棄這樣的好康而賣掉車子？

安逸於這樣的好康，今天也是坐地下鐵上班的千代理，下班後搭公車，再下車走了5分左右就到達約定地點。

這是和大學同學會面的地方。並不是來開同學會，只

能說是和同學中較常見面的傢伙聚會罷了。

看到先來占好位子的四個同學了。加上千東基代理的話是五人。那還差一人就到齊了。千代理和同學們高興地互打招呼問好。其中有的小子早早結婚小孩都生完的，也有還在新婚的，還有像千代理一樣剛當老爸，正沉浸在育兒的樂趣裡的人。

雖然各自結婚時期不同，生活型態也各自相異，但談到家人、工作和錢之類的主題，他們所關心的事卻是意氣相投的。

「新婚樂趣如何？」

「當然好。不論如何人生得意須盡歡，生了小孩就完了。」

「就算不生，家裡也會引起騷亂的。年紀不小了，還是趕快有小孩好。」

「對啊。不想要生小孩養到大學時，聽到人家叫爺爺的話。」

「東基怎麼樣？當爸爸大概是去年這個時候左右吧？」

「正確來說是十二個半月前。可是我有點擔心。小孩還不會叫爸爸。」

別人家的小孩才十個月大就會叫「馬麻、把拔」了，小眞嘴裡吐出來的還是只有「馬麻」而已。雖然太太說叫馬麻是她固執當做安慰，可是對於想要趕快聽到叫「把拔」的千代理來說，聽了很是洩氣。

　　「我的朋友，十二個半月還久得很，不用擔心！我家大的姊姊過了二十個月還不會說話。但是現在六歲了，知道她外號是什麼嗎？小點唱機呀，小點唱機。電視裡唱的歌全部都記得，唱得可流暢呢。」

　　「那眞是太好了！不管怎樣，什麼過程你都經過了，眞是羨慕。大的明年入學嗎？」

　　「是啊。所以要煩惱的就多了。一想到養小孩要花的錢的話。」

　　「你們是夫妻倆都工作嗎？」

　　話題從小孩開始漸漸轉移到工作和錢。就像料理乾黃魚一樣被照料的孩子們，這其中有鹹有苦有酸有甜有澀有辣，多方面的味道。

　　「我老婆好像也在想要做什麼，我不知道。只會打理家事的人出去能做什麼。」

　　「結果靠的只有你的月薪而已？」

　　「東扣西減的，剩下的月薪也沒多少能做什麼？只是

畫夜不停煩惱著應該要怎麼理財。」

「說實在的，我們這個年紀還是要做點理財來存錢才是，過了四十就吃力了。你們，聽過什麼叫做三重七十投資法嗎？」

把四處探聽到的，正好與三十歲年齡層符合的理財知識，開始照本宣科地發表高見。

什麼叫做「三重七十投資法」呢？所得的70％做儲蓄，儲蓄的70％做投資，投資的70％用在股票商品而構成的投資戰略，一般對這個回答多半是慌亂的反應。一半都很吃力了何況70％？

因此用所得的40％還債，20％儲蓄，然後剩下的40％用在消費，像這樣的「四二四戰法」比較緩和，而且更為貼近現實的理財知識，把三重七十投資法踢到一邊去。這樣還比較像話不是嗎？

隱身在四二四戰法背後的，是叫做「資產三分法」的分散投資。如果有多餘的錢的話，平分為三投資在股票、不動產和定存，這樣才是安全而又具收益性保障的理財內容。但是首先必須要有多餘的錢才行！

所謂的「一百歲計算法」也友情演出。

從一百減掉自己的年紀得到的數目比率，投入收益性

為主的投資資產，而剩下的分配在安全性為主的資產，在這個計算法裡把自己的年紀代入看看，100減掉34是66，投資額的66%分配在股票等的結論就出來了。他媽的，這個也是必須要先準備好投資額才有可能嘛！

但是不管能否準備好投資額，千東基代理對於之前自己累積的理財知識，能夠誇耀的機會來了而開始興奮起來。還有件令他感到興奮的事。就是還有一位要來的同學終於進來了。許世萬是也。

東基所在的地方就有世萬。基於像是習慣，所以許世萬便加進此聚會的一員了。因許世萬到齊又是一陣招呼，等喧鬧的氣氛一平息下來，千代理便開始掏舉關於儲蓄式基金的理財知識了。

「……少的話也要從3,000元開始加入，不要認為很困難，想想看將3,000元交給專門基金經理人，三成可以投資在像POSCO（韓國浦項鋼鐵公司）一樣一股要數十萬元的大型績優股。絕對是穩賺不賠的生意吧。再加上最近利息下看4%這種時機，可以期待9%以上高收益率的理財機會不把握的話，別的還能抓到什麼？

當然如果投資失敗而本金發生折損的情況下，什麼補償也得不到的缺點也是有的，但是有心敢於承受潛在性的危險費用的話，還是勸你們要果敢地投資。無論如何，即

使因安全性而選擇銀行，但目前存款利息的基調持續下去的話，比照物價上漲率，最後出現的結論就是一分的收益都得不到！」

千東基代理總結說，在存款利息低的時代，要把儲蓄式基金當做理財之窗來儲備一大筆錢。之後稍微觀察一下氣氛，再掏出關於所謂理財的盾牌，即變額保險的理財知識。

「……已經公開在市場的變額保險商品有數十種之多，剛才也有說到了，但是這個說是保險，其實是投資在股票或債券等來獲取利益的運用方式。而投資股票方面比重高的商品在最近三個月期間，就有超過20％的高收益。隨股票等級而有藥效之分吧。

當然也沒必要跟著這樣的收益率而忽悲忽喜的，這個加入的平均期間是十年以上，即使收益率為赤字，原先保障的內容也不會改變或者消失。實際上基金營運期間在一年以上的商品，從觀察看來，依我所知到現在為止，年收益率還沒有一個記錄是赤字的。

股票升起的話債券下跌，債券上來的話股票下去，考慮到這樣的市場動向時，像我們這樣的初級者的情況，投資在兩方適度地融合的混合型商品才是準確的理財之道。」

新手巫師迷人的氣氛升起，但是原本是理財門外漢的同學們前面，千東基代理突然升級成理財鬥士。揮舞著變額保險的盾牌，推進儲蓄式基金的窗門，千代理的樣子看來頗為威風滿滿。

「真帥耶，千東基！」

「了不起，小子，幾時研究起這種東西來了？」

「別要我從現在開始尊你為理財教授吧！」

「東基呀，教教我的錢要怎麼辦！」

像這樣突如其來褒揚千東基代理的氣氛，而在一邊有個正試圖要潑他冷水的惡棍，不是別人就是許世萬。

「聽你一說也沒什麼別的嘛。結論不就是要你保險還有買股票。唉，保險和股票這也不是昨天今天才聽到的東西，如果這樣就會成功的話，那大韓民國就沒有人不是富翁了。別說了，還是來喝酒吧！」

這、這小子！瞬間氣都漏光光了。自古以來對於不知的事物都會產生好奇心的，害怕也會相隨而來，這是法則。

因此在害怕將好奇心吞掉之前必須給予反擊，對手就是許世萬。

從以前就是有錢人家的小孩，現在又是經營不錯的賣場社長。煩惱賺錢問題的渺小月薪族和財源滾滾的社長，讀者們終究會聽從誰的話呢？該死的傢伙，到底在搞什麼鬼？

不可能當場死掉，也不可能被鬼抓去的許世萬一提議，大家便喝起酒來。千代理也只好放下武器和盾牌先喝酒了。喝了些酒一看，時間也晚了。

10點18分。雖然還有時間去第兩攤，但有的人不想去，有的想到第二天還要上班，便下了直接散會的結論。所以互相招聲道別，此時一台黑色的高級座車開來停在面前。

「我叫了司機。那麼大家小心回家了，啊，千東基，你和我方向一樣，來坐我的車吧！」

真好，喝了酒還有車坐？不過之前倒沒看過。是新買的吧。還叫我一起搭車？對千代理而言，真是一刀刺進喉頭又不想刺進的提議。

但是眼前要刺進的不是刀而是車子，其實很想要搭坐的情況下，是很難以拒絕的。所以心裡儘管猶豫不決還是上了車。這車，還亂舒服一把的？

「車子挺好的。」

不論如何平白無故搭人家的車，總不能不主動吹捧一下。

　　「買了有一個禮拜了。剛開始考慮到安全性，想要買進口車，不過家裡有人做汽車業的，所以還是買了國產車。幸好開了一次之後，發現車子還真是不錯，啓動時引擎聲很柔和，避震墊也非常柔軟，就像移動的沙龍一樣，我想很適合開個兩三年左右。」

　　不懂什麼沙龍還是雞籠的，千代理老實地靜靜聽著。應該是要一搭一唱的場合，反而選擇簡短的用語。嗯，對啊，是吧，這樣啊！然後車子剛過賣場，許世萬說到他家再喝一杯吧。千代理說回家後還有事，拒絕了他的提議。然後馬上下車。

　　沒用的傢伙！看著許世萬的車離去之間，剛好回家方向的公車停在面前。上了公車，千代理走到後排空位坐下。然後靜靜凝視著浮現在車窗外的燈火。

　　不知怎地，回家的路感覺艱辛又落寞。三十四歲，自己的莫大生活在燈火之間昏亂地晃動著。

　　就在此時，有什麼真的開始在晃動。嚇了一跳的千代理，急忙將手伸進褲子口袋裡，調成震動的手機哆嗦著抖動機身。他掏出手機，開啓折蓋。是太太。

「還沒結束嗎？」

「不是，現在搭公車要回去了。」

「是嗎？那要給你一個禮物才行。耳朵靠緊一點。知道嗎？」

這個女人現在在講什麼話啊？什麼禮物，這種三更半夜的時刻？千東基代理想要笑出來又忍住，等著太太接下來的話。

「小眞，跟爸爸講電話。來，叫把拔，把～拔！」

太太話聲之後沉默流動一會兒後，傳來小眞清楚又幼稚的聲音。

「把拔！」

別人家的小孩十個月就會的把拔叫聲，從小眞嘴裡發出來了。

想要趕快聽到這個叫聲，除了叫馬麻還是馬麻，完全洩氣到底的千代理，耳中猛然聽到無法置信像是奇蹟的聲音，刻骨銘心。

把～拔！對啊，是把拔！小眞，你的把拔千東基在這裡！

「聽到沒，老公？」

120

千東基代理一下子無法回答太太的問題，喉嚨突然哽住無法說出話來，只是一逕把手機靠在耳邊，凝視著車窗外的燈火。然後稍早之前都還是艱辛而落寞的路，忽然突變為華麗而溫暖的路。

是魔術，受到才十二個半月大的魔術師的咒術吸引，他的嘴巴不知不覺咧開到耳朵。

股票初體驗　滑鐵盧收場

「怎麼會有這些錢？」

千東基代理看了一下太太推過來的月薪存摺，驚訝地問。可是太太的回答卻使他更為驚訝。

「塞住田鼠洞存起來的錢，過去十個月期間！」

存摺的目前餘額欄，印著135,000的數字。有13萬元？千代理不得不懷疑是看花眼了。比自己的月薪實領金額還要多出6萬元，太太存了這麼多錢的事實完全無法相信。而且是在家裡，十個月期間，塞住田鼠洞？13萬元的話，就是每個月要存13,000元，那麼的話這不是田鼠，而是塞住大老鼠的洞可不是嗎。

對於這中間太太的轉變，自己曾在內心嘀嘀咕咕的所作

所為，千代理感到慚愧。怎麼樣去賺了存起來，同樣地去愛惜慎用也是很重要，他頓時體悟這個事實。因為這個嶄新的領悟，眼睛無法離開月薪存摺的千代理，太太對他又說了。

「你的想法如何？把錢提出來，分別放在基金和保險應該不錯吧？」

「應該是吧，不過……。」

千代理沒有把話講完。因為這中間一直研究理財，一邊還有在留意研讀別的。稍微誇大一點，他看到眼睛都要脫窗的程度，要把這個東西在此時一次脫出的想法突然浮起。趁著吃年糕舉行祭祀，吃完就通過了不是嗎。說要祭祀的話，對太太通是不通，試試就知道了，他試探一下太太。

「把這錢來做一下股票怎麼樣？」

「你說股票？」

「是啊，我這段時間也有研究一下股票。」

「因為股票而錢沒了家破人亡的人可不在少數……」

「那是不做功課的部份人，看別人怎樣我也跟著跳進去才會出事的，我可不是。」

太太一臉頓時陷入長考的表情。千東基代理想這時是

123

個機會。

　　一言之下沒有拒絕而陷入思索，通過的比率相當高可為證明。千代理在太太紛亂的內心猛注入說服的話。

　　「很多人說股票就像某種賭博一樣，那是不懂股票才會這樣說。再沒有比股票確實的投資了。便宜買進，再賣高一點的話就行了。只不過是買價便宜一點和買得便宜非常多，以及賣得貴一點和賣得非常貴，在這四種選項的組合過程裡，必須要做對選擇罷了。

　　這樣的話必須得要拋去貪念才行，這就不是容易的事了。想要買再更便宜一點卻沒買到，而放掉賺錢的機會，想要賣再更貴一點卻沒賣出，而遭受損失的事就發生了。因此用心計較想要一攫千金，不如以少賺為贏的想法安全地去做投資的話，任何人都能賺錢之處正是股票市場。」

　　「能夠賺錢是很好。但是操作股票，你公司的事怎麼辦？」

　　「就晚上先定下要買的股票，掛好預約張數就可以了。然後在公司利用午餐時間再弄一下就好了。」

　　「真的想要這樣做的話，就試一下看看吧。不要太沉迷唷。」

　　「別瞎操心！我是什麼人啊？」

事實上這樣一來才更令人操心，不管知不知道，千束基代理為了要做股票交易，一股作氣將手續辦完。首先到附近銀行開立證券委託帳戶之後，登入該家證券公司的首頁加入會員。

然後下載股票買賣程式並且設置完成，接收認證書並在銀行帳戶存入13萬元到證券委託帳戶。當然沒忘記在公司電腦也安裝買賣程式。這樣便算是完成出征準備了。

千束基代理剛開始以績優股為主來投資，一邊安全操作前進。在公司必須看人，尤其是部長的眼色，因此選擇把錢埋著觀望一段時間也可以的那些項目。像這樣安全優先，樂趣便推諸腦後了。因為股價不會大起大落，就像吃飽撐著的爬蟲類一樣遲緩地移動著。

看顧遲緩的爬蟲類一段時間，這傢伙何時會大咬一口，脖子伸得長長的千代理，開始找點樂子了。比起績優股，小型而活躍移動的股票充份刺激他先前清淡的感官。小型而快速，管理是有必要的，所以他在公司先把視窗開好，觀察別人的眼色，一邊瞞著做股票投資。

就這樣抱持著雞蛋不要放在一個籃子裡的代表原則和不要太過貪心，一個月只要賺到投資金10％的心態，所以沒有大損失或大賺，這樣維持大約一個半月過來。也是相

當克制了。這中間帳戶累積到了 15 萬元。真的是太神奇了。

　　一下子信心大增的千代理，漸漸開始冒險了。即使股價一直上升，為了安全而下車，這中間的焦慮竟一次解脫掉。這樣開始的攻擊性投資一開始賺了很多錢。然後幾天期間，他沉浸在自己的天才投資靈感和不久就會成為有錢人的夢想中，高興地好像要飛上天了。

好像會延續千年萬年高興的飛翔，在那之後一個禮拜倒栽蔥了。天才投資靈感和有錢人的夢，以及大賺一筆的錢全都沒了，同時還被斷頭。

帳戶累積的15萬元縮水成15,000元。十分之一強，最初夢想不保，結果慘敗。如此一來，他在開設證券委託帳戶六個月內，落得兩手空空地退出股票市場。

有時太太會隨口問股票還好嗎，總是回答還不錯，每當那時就興起罪惡感。

太太存了十個月交給我的錢，不到六個月時間就全都敗光……還有更可惜的。在六個月中犯錯的時間只不過一個禮拜！一個禮拜期間的放縱和輕率造成後悔不及。

但是後悔得再快也太遲了。千東基代理規規矩矩地認真上下班，安靜而低聲下氣的。在這期間，雖然也常會扭歪了脖子，瞟瞟股票市場，但是鞋子掉了鞋帶還是跑不了的。如此渡過六個月，在一個禮拜之後，他遭遇某種變化。

變化的關鍵是在大學同學聚會的場合中，一個新朋友所提供的。偶然間聽說有聚會而前來參加的那位朋友是在世峰電腦上班。玩過股票一段時間的關係，所以千代理知道世峰電腦的財務狀況並不是很好。

「公司生活如何，聽說有點吃緊？」

「吃緊的確是事實，但好像有點改善的樣子。因為國內市場不景氣，這段時間便致力於攻占海外市場，而南美那邊肯定有合約過來。200萬台規模的電腦出口契約訂單，似乎即將成交了。因為我知道，最終契約的完成作業正在進行當中！」

「那是真的嗎？」

「對，因為這個問題，現在公司負責的人都飛去現場，公司內的氣氛也大為振奮。再過幾天，就會公開發表言論了！」

如果朋友所說的是真的，那這個就是很好的題材了。世峰電腦的股價掉了很多的狀態下，現在抱持股票的話，短時間內就能賺大錢了。挽回之前損失的錢還有剩的程度，一定會有充份的收益。穩賺的生意！

千代理心裡急了。要持有股票的話必須要錢，哪裡找錢是關鍵。向太太伸手是不可能的。那樣做必定會對最先拿的13萬元起疑心而窮追猛問。因此他想出來的就是赤字存摺。借款額度35萬元中用掉了10萬元，可以再拿25萬元來用。

雖然知道這樣是不妥的，但現在沒有選擇的餘地。假

如照預想般順利，幾天後錢領出來可以再存回存摺裡。千代理毫不遲疑領出25萬元，買入世峰電腦的股票。因為使用信用交易可以運用所持金錢的兩倍，所以這中間買入股票總共價值38萬元。

買入股票，害怕地苦等的新聞公開發表消息了。如此一來，世峰電腦的股價以驚人的速度狂飆，創下今年最高價的記錄。

假如沒有價格變動限幅固定為上下15%的規定，大有一飛沖天之勢，以漲停價下單的預約張數大量累積的樣子看來，覺得可惜又遺憾。

如此可惜又遺憾的心情，在接下來要交棒給對明天充滿期待的同時，萬萬想不到的新聞，打壞千代理的如意算盤。使千代理低垂著腰跌了一跤的，是世峰電腦處於被指定為列管危機的新聞。去年實際結算結果，出現了50%以上資本蠶食。不過幾天之間，關於世峰電腦的新聞，以KTX（Krean Train eXpress， 韓國子彈列車）快速來回往返於溫泉和冷泉，不、是天堂和地獄之間。

眼前一黑。都使用信用交易了，事情變成這樣怎麼可以……雖然已經掛了預約賣出，可是他整夜睡不成眠。早餐隨便扒了兩下就去上班，剛好是9點開場時間。也是如同預想一般。在一片賣壓沸騰的阿修羅之地，近38萬價

值的股票陷落的洞根本看不到。

在這當中，股價下降兩天連續跌停。傍晚刊出「世峰電腦資本蠶食解決方案即將有譜」的記事，下跌趨勢會緩一點吧的期待油然而生。

但是為了收回以信用交易使用的25萬元，證券公司方面在次日開場同時，將千代理的股票強制掛在跌停價，而且立刻成功賣出。

25萬元瞬間在眼前完全消失不見。

實在是莫可奈何而倒楣透頂的事，但是卻怎樣也要對太太不動聲色。自首找回光明，往往是在搞砸大條事之後。先前是13萬，現在是25萬，合計38萬元的大型金融事故，即使自首，看來也免不了要加重處罰。

大凡高高在上的天空用手掌便可以遮起來，但是在地上發生的事怎麼遮掩得住呢。

千東基代理的所作所為在大白天之下露出馬腳，是因為證券公司寄來的股票交易明細表。如果像以前的話，都是放著再交給先生，那天特別不知吹什麼風，太太拆開一看，馬上掀起信件風波。

25萬和38萬明白印出的數字之前，千代理找不到避身的洞。只好像困在甕裡的老鼠，什麼都吱吱吱，不得不

據實以告。

之前堵住田鼠洞，把家計財政像火一樣點起而自負的太太，像火一樣發飆了。這也算是把田鼠趕出去卻養來了大老鼠，只能為之氣結……太太當場打包行李，帶著小孩去娘家。千代理抓不住心意已決的太太，只是好像辯解似地喃喃自語著。吱吱吱！

妻女都走了，家裡的樣子好淒涼。千代理徘徊著從臥房到廚房，從廚房到對門房間，又再回到臥房閒晃起來。然後偶然地視線看到太太厚重的家計簿。他把家計簿拖過來，攤開來看。芝麻一樣的文字和數字，擠滿了家計簿內。

什麼數字這麼小。也有50元，也有30元，唉，5元也……支出細目有主食和副食，公寓管理費，服裝費，車子保養費，通信費，網路話線使用費，家裡電話費，外食費，交通費，婚喪事費，夫婦零用錢，父母零用錢，訂報費，藥錢，各種保險費及借貸利息，基金費，其他等等，又多又複雜。

林林總總全部寫下並計算嗎？令人敬佩啊。支出細目旁邊還有附註。

去超市的路上發現熱狗！好想吃……，還是忍住了。加油，秋薔薇！35元的話，買兩碗泡麵還可找回5元呢。

132

淑熙，小妹來了。哎喲，像血汗一樣的150元就消失不見了。這相當於我二個月的零用錢花光了。丫頭，我也多生幾個小孩，好好復仇回去？哈哈哈

　　好久沒看悲情的錄影帶，哭得亂七八糟。感動66%，還有33%是高興的眼淚？其實是跟隔壁慶雅媽媽借來的，幫她還片才拿來看的！啊，我情緒的三分之一是因為錢的關係而完全乾掉的嗎？

　　有點畏寒，從冷凍庫拿出生薑煮來吃，睡一會兒就好多了。呀哈，真是好運！從看病費、藥費省下350元耶。最近精神不濟諸事煩心的老公，用這錢來買隻雞，好好熬給他吃吧！

　　千東基代理覺得眼睛有點刺痛。眼裡好像跑進什麼東西的樣子。

　　沙子嗎？大概是藏在芝麻一樣的附註中間又飛散起來的吧。該死的，連鼻子裡面都發酸了，好像是很厲害的沙子。

　　跑進自己眼珠和鼻子裡的沙子，拿它沒輒只好吸了吸氣，千代理不知不覺間把家計簿一角弄濕了，是因為淚水還是鼻水，他自己也不知道。只是一邊看著太太堵住的田鼠洞，無地自容地吱吱直叫罷了。

◎ 對千東基貴戶的生涯規劃第一次監控結果。

● 監控期間：2005年1月起至2006年12月止。

● 現金資產明細如下：

1. 自用車處理和連帶擔保債清算：21.2萬元（增加）

   --> 20萬元（自用車貸款）＋ 12,000元（每月連帶擔保利息500元×24個月）

2. 儲蓄式基金：10.8萬元（增加）

   --> 每月儲蓄4,500元（現有定存解約的1,500元和貸款利息減少的3,000元）

3. 赤字貸款股票投資：25萬元（減少）

4. 夫人細心理財：8.4萬元（增加）

   --> 每月12,000元多餘資金組成（經過7個月）

5. 給薪加給：10.8萬元（增加）

   -->75,000元（月平均給薪額）× 6%（每年給薪加薪率）× 24個月

6. 變額環球保險：15.6萬元（增加）

   --> 每月繳納6,500元（現有定存解約部份）

● 貴戶的現金資產共增加：41.8萬元。

● 保險費繳納金係為保障資產，故不算在現金資產，現有定存的解約金抵銷信用卡貸款等而未做管理，生活費規模隨每年物價上升率增加，但是同樣期間內儲蓄的儲蓄式基金的利息部份可以概括，因此不予計算，在此敬告做為參考。

分身乏術　兼差失利

「對不起！今天很忙，下回再聊。」

隔週上班的禮拜六，飛快將事情做完，高課長就離開辦公室了。千代理想要找他談一下話，怎麼那麼快就溜掉了。高課長出現這種情形，是從三個月前開始。也不知道是要去討欠了十年的債，不然就是要躲討債的逃亡去了。

所以興起請吃午飯的想法，接近他探聽早退的秘密，但終告失敗沒能留住敏捷跑走的高課長的屁股，結果變得千代理也很快離開辦公室下班去了。因此在一件件地整理包包的時候，金代理靠過來搭話。

「喂，今天天氣不錯，我們好久沒去喝一杯了，怎麼樣？順便討論一下時事！」

千代理想著剛才高課長也是這樣的心情嗎，一邊回

答。

「對不起，今天很忙下次再討論吧。」

　　千束基代理得知早退的秘密已經是二個月之後的事
了。結束早上忙碌的工作，正在想今天吃什麼好時，高課
長靠過來了。要怎樣才能聽到之後事件，不、事態的發展
呢？正想說走吧，午餐我請。高課長，這天下無雙的小氣
鬼高尚杜課長竟要請客！

　　好像被請吃午餐的咒語迷惑住了一樣，千束基代理乖
乖跟在高課長後頭走。因爲對這樣意外的狀況沒有準備好
對應之道。也不知是沒有話好說，不然就是忘了要說什麼
的狀態下，他也默默地跟著進到高課長進去的飯館。

　　「很納悶吧，我請吃飯的理由？」

　　「對啊，非常！」

　　何只如此而已？對於早退的緣由也很想知道呢。

　　這段期間千代理數度接近他，想要探聽出秘密，高課
長卻每次都以忙碌爲藉口擊退。因此雖對早退的納悶無法
抑制地逐日增強，但還是決定在當事者透露之前，絕口不
提他想要知道。大好機會來了，而且竟然伴隨著奇蹟似白
吃的午餐。

「這是你請客最初的利息最後變成這頓飯了。」

「什麼意思……？」

「今天申請名退了！」

「你說名退嗎？怎麼突然間？」

「在這組織經常性調整的時代，還什麼突然間？」

原來是這樣。說得沒錯。組織調整的寒風力道強勁，看來就像電力持久的乾電池。因此五六十歲或四五十歲，賦與給我們這代像是三十八度線的悲情十長生們，所謂的名譽退休，即使如自己意志完成了，喚起的也是和名譽有段遙遠距離的感情。

在公司堅忍不拔也沒有變得更好，所以想在外面找到希望，很多職員不就抱著這樣的想法，撲通投身於一點也不名譽的名譽退休裡。而課長這樣位置坐得穩穩的，年紀四十歲不到的男子今天早上上班的同時申請名退，對此事實千代理不能不感到錯愕及無力感。

雖然他存的錢多到當場可把工作辭了，回家吃自己也無妨的程度。

「離開了要做什麼？」

「烘焙坊！」

「啊？烘焙坊？」

千代理像是突然聽到什麼蠢話的表情。在職業選擇的自由受到憲法保障的大韓民國，高課長退休後不管是要打理烘焙坊還是打理鋼鐵廠都沒什麼關係，但是朝著至今一次也沒聽他提起的做麵包方向，並以此做爲退休後的進路，真的讓人訝異不已。

但也不是那麼無法想像的事，鼻子、臉頰和額頭沾上白色麵粉的高課長的臉在腦裡浮起。因此忍不住要笑出來時，高課長開始道出這個想像的由來。

「三年前曾經借65萬元給以個人名義要開烘焙坊的人。那個人五個月前跑來找我。說要放棄權利金來償還債務，要求我用出讓保證金和設施費來接收烘焙坊。想說發生了什麼事情，好像是個人獨特嗜好而背了賭債的樣子，因爲這樣，烘焙坊陷入賤價出讓的危機。

我在接受這提案之前，有先仔細做過相關分析。在烘焙坊周邊有好幾處超過1,000戶以上的公寓地段，立足條件沒有問題。不過問題是在烘焙坊對面開了一家老牌的麵包店。爲了生存，激烈的競爭勢不可免。不論如何，我的分析結果是有可能性的，所以決定接收烘焙坊。

出讓保證金和設施費投入430萬左右。這樣子把烘焙坊接收下來之後，雇用了麵包師傅開始營業，平日是太太負責，週末是由我負責，以這方式撐到現在有六個月了。

而現在似乎該是我要正式站出來的階段了，所以才申請名退的。」

原來禮拜六早退的秘密是烘焙坊。烘焙坊老闆高尚杜，做麵包生意的高尚杜，不知怎地好像不太搭調的組合，但還是應該要大大祝賀一下。因為最近這樣的社會上，在退休的同時，不、是在退休之前，就先籌備好新的事業決不是容易的事。

不管怎樣，在過去五個月期間，週末辛苦地來回做兩份工作，由現在的課長，而且還是萬年課長，榮升為社長的高課長的境遇令人心生羨慕。自己不久也許升任課長，或者又升到更上面的位置，但最後仍避免不掉退休和其後的生計問題，而高課長如此提前輕鬆解決的樣子真是值得尊敬。

「如果是這樣的理由，真可算是實至名歸的名退了。恭喜您。」

「有什麼好恭喜的？不管怎樣之前一句口風都沒說，對你覺得有點不好意思。」

「那就下次見面時，請我多吃些免錢的麵包吧。」

「那請當做沒聽見。不好意思的話取消了。」

像這樣不會不好意思，或者也不會依依難捨的人，在

那個月的最後一天，突然就離開了貢獻短暫十五年的大方物產總務部。照著高課長的意思，在那天晚上辦個簡單的送別會，一起吃晚飯做為結束。如同簡單的送別會的重量一樣，大家的表情也很輕快。而送別要離開的人，大家的感想僅是「那個小氣鬼要走了耶」而已，並未到達「啊，真的這樣就要離開了」的水準。

事情會變成這樣當然高課長是最大的因素，理應三不五時作東，請大家吃飯、喝酒，一起廝混培養感情才對，可是他每次都是壓榨人家，誰也避之惟恐不及。但是這樣說並不是要責怪高課長，至少千東基代理的想法是如此。

每個人各有各自的人生，誰都不能幫忙肩負自己的人生，不要去害別人，認真活下去就成了，但在這漩渦中，自己不也曾受到高課長不少的幫助。因此送別高課長，他的表情輕快不起來，感想也超過「啊，真的這樣就要走了」的水準，達到「想要跟著一起去」的地步。

千東基代理想要跟隨高課長的正是第二工作。當然他沒有像課長能夠接收烘焙坊的能力，只能以勞動身體來謀求工作。因此在尋遍網路和生活情報誌的結果，找了在頗有規模的雞排餐館服務的工作。下班後8點開始到12點，然後週末是晚上6點開始到12點為止，時薪100元，每個月下來可以賺超過12,000元的兼差。

才12,000元？去挖地看看，挖得出10元嗎？下班後的時間去賺錢，相較於花錢來看，反而對於能夠緊握住12張千元大鈔的機會，他以應該要感謝的心情開始工作。

但是錢並沒有那麼好賺的，在客人盡占的桌位和桌位間沒有休息地移動著，接受點菜、端盤、換爐子、各種補充的食材和碗盤等的填補和撤換，一連串的作業像擰抹布一樣將體力榨盡的工作。

錢出去的洞看起來好大，而錢進來的洞看起來很小，實際上做服務生，12,000元也不當錢看。

雖然如此，「隨便出手的刀即使是鈍鐵片，只要有出手刀刃也會鋒利，之後拿著還怕賣不到錢嗎？」的想法興起。因此兩天、三天、四天地堅持下去，禮拜六的份也做完了。

然後，禮拜天晚上又為了磨利刀刃，堅挺地爬起身子。然後啪地倒下來了。刀刃都還沒磨利之前，鐵片就折斷了。還好太太有趕緊跑去藥局，第二天不是去公司而是把先生送到醫院上班去了。

而再來的禮拜二，因為還沒消退的微燒和眩暈，而整天搖搖晃晃的千東基代理，下班後去雞排餐館上班，結果

10分鐘不到就退休出來了，手裡緊抓著退休金2,600元。

結果藥價和醫院費和一天缺勤所產生的有形無形的損失計算下來，反而變成一邊花錢一邊打工了。千代理感覺頭好像在轉動著，開始低下腰來慢慢調勻呼吸，同時也開始慢慢回想過去一週來自己所做的事。自己是在做第二工作，還是因為發饞、昏頭了才會沒頭沒腦的決定兼差。

「想成是出學費吧，這樣也是蠻便宜的！」

這是對於千東基代理的第二工作失敗，高尚杜課長的短評。依其短評來說，不論繳得學費便宜，還是相反地繳得貴了，這之間並不重要。問題是受到教訓的想法本身一下就消失了的事實。病懨懨好了之後，留給千代理的第二工作感想是「要小心」和「沒有自信」。

因此為了尋求指教和勇氣，跑來烘焙坊找高課長，千代理親眼見到微小卻耀眼的成功。過去六個月間，讓位在對面的名牌烘焙坊撤換為美容院不說，還在周邊公寓地段內經營成獨占性的烘焙坊，高課長娓娓道來他的經營術。

在接手烘焙坊後，高課長第一件先做的事是搜尋並聘入一流的麵包師傅。對方當然也曾以烘焙坊規模太小而拒絕，但是高課長提供最高年薪便輕易達成目的。

高課長將使用最高級的食材立為麵包製造和販賣的最

高原則，只做一天販賣的量，和對面烘焙坊統一價格販賣。然後當天賣剩的麵包免費奉送給晚上上門的客人。雖然這樣有什麼賺頭令人懷疑，可是事實上和對面老牌麵包店的自有品牌比起來利潤更高。

加上當時高課長還沒離開公司，在公司領的月薪可以投資在烘焙坊的贈送費用中。這樣過了六個月，對面的麵包店再也撐不下去，關門大吉了。結果高課長的烘焙坊在區內竄起為絕對唯一的強者，現在一天的營業額大約維持在25,000元的水準。

高尚杜課長在接手烘焙坊前，先仔細做商圈分析並事先設定戰略，此舉為其創業成功談劃下句點。而且對一臉感動神色的千東基代理說了一番很有幫助的話。

「不是只有花大錢的創業才需要像這樣的分析和戰略，投身於第二工作的情況也是一樣。自己的態度和健康，現在職掌，以及未來職業都要放到桌面上來真誠地研究思考，然後再身體力行才行。

素食主義者要在牛排館當服務生，他的工作心情會愉快嗎？還有平生只動筆的人打工做苦力，他的身體可以撐幾天呢？而舉重選手代言減肥廣告，對消費者而言，廣告有說服力嗎？反而只是剝削選手的生命罷了。

工作也講求所謂速配，想要成為股票專家得先專精如意道才行，如同要在果川賽馬場周圍徐步好像也很困難一樣。」一聽到高尚杜課長的話，千代理便想到不久前自己所做的打工服務生。因為這個事件而生病，連公司也缺勤，真的是對健康和現在職掌完全沒有考慮到。工作期間心情也不愉快，也是無視於適性的選擇。

那麼和未來職業的關聯性？當然沒有。打理雞排館的錢以及那種夢想他都沒有。只是那工作出現眼前一把緊抓住，以傲氣堅撐著，而身體卻倒下去了。冒失又羞愧的選擇。算是在經常失敗的石堆上面再擺上一顆石頭吧……羞愧歸羞愧，對於高課長的成功更加覺得高明且欣羨了。因此對他不吝於有益的指教，不能不表示感謝之意。

「沒錯。我的失敗可說是疏於準備之過。算是繳學費好了。那還是划算。」

「我的話對於你將來要做的事應該會有幫助？」

「當然了。」

再多說就成廢話了。對一臉不勝尊敬表情的千代理，高課長接著噁心地回答。

「嗯，那麼的話，當場買點麵包吧。自古以來沒有白吃的飯！」

存錢致富幼兒園

　　出缺一段時間，填補遺留下來的課長位置的正是千束基代理。和高尚杜課長面談之後，極為慎重苦思第二個工作問題的千代理，從稱謂換成千課長起，便開始適應新交付的職務，忙得不可開交的他，遠離第二個工作的念頭。

　　變化不單來自職場上。像在霏霏細雨中的黃瓜一樣成長的小孩，和因而更加混亂又具活力的家庭氣氛，對千代理，不、千課長也是很重要的變化。只不過那是以漸進式而持續性的日常模樣靠近，因此和升遷這突然發生的單一事件比起來，是沒有那麼刺激的差異點。

　　因為這些變化的關係，千束基課長對於活動力旺盛，又正值嗜吃零嘴的五歲大的女兒的問題，和太太秋薔薇馬上討論起來。

　　「現在差不多是該教小真用錢的時候了。」

「不會早了點嗎？」

「早？你知道同齡的小孩從托兒所的娃娃車一下來，是跑到哪裡嗎？」

「那當然是找自己的媽媽囉！」

「錯了，是附近的超市！」

連一毛一角都很珍惜地過活的太太，很明顯對於小孩的這種模樣感到很不尋常。會跑到超級市場買零食吃的話，那就表示已經在腦子裡具有貨幣概念了。這樣的話太太的判斷也許是對的。

「小眞也是嗎？」

「至少會想跟著朋友去超市那裡而猶豫吧，因爲口袋裡沒有錢，然後就呆呆地望著我的臉。有要求過要買零嘴，剛開始還會纏著，後來知道不會准的，就這樣了。」

「好像已經開始在教用錢的樣子？」

千課長腦裡浮現不久前在地下鐵電車裡看到的景象。應該比小眞才大一歲左右的小孩，搭上電車就一直跟自己的媽媽吵鬧著。要求買什麼東西，媽媽沒買就拖進電車的樣子。

電車開往下一站的期間，媽媽爲沒有聽從孩子的請求

147

狠狠付出代價。使性子也沒有這樣使性子的。又威脅又哭求的，小孩一付一定要買的氣勢，甚至還打自己的媽媽。然後賴坐在地上，開始放聲大哭。

電車載著大哭大鬧的小孩、坐立難安的媽媽，以及在周圍不耐旁觀的人們，緩緩停在下一站。門開了，媽媽隨即拉著小孩，走出電車外。

那之後沒有看到所以無法知道，不過大概是小孩又更哭鬧不休，除非要買的東西到手才會停止大哭。想像大人竟拿一個小孩沒辦法，唯唯諾諾做「孝子」的樣子，千課長不禁苦笑起來。真是自作自受。不叫小孩閉嘴只會應聲，挑三撿四使壞都照單全收，所以即使是眼屎大的不滿，小孩也會作亂不是嗎。

「做了值得稱讚的事時，我想就給她10元零用錢做為獎勵。教她可以存進錢筒而非帶到超市使用。」

「那要趕快買隻豬公錢筒囉。」

「如果可以的話，要幫她買大一點的。」

千東基課長買了比超級市場更要相親相愛的大隻豬公錢筒給五歲大的女兒。以後小孩幫忙媽媽打掃，或者收拾碗筷，或者替花盆澆水，或者跑腿時，每次都給一枚10元的零錢做為獎勵。然後接著附送一句媽媽的關心。

「來，要投到錢筒才行！」

每當聽到這樣的關心時，千課長心裡就不太舒服。被公司事情追著跑，所以事實上並沒有很多時間能夠花在孩子身上。因此有關孩子的事，特別是育兒或種種教養問題，幾乎等於是太太的管轄範圍。

就算沒有這個規矩，也已成為這種定局，因此在太太後面一步觀察小孩和小孩的媽媽時，總是同時感到期待和憂心。理財教育也是相同的情況。在他看來，覺得太太好像把小孩逼得太緊了。

拿到零用錢，在買零食還是存錢之間，首先必須由孩子來做選擇，這是千課長的判斷。

要先給她機會才是，校正是在那之後……

但是心理上以及環境上，和小孩極為親密的太太，期待她有這種程度的客觀而合理的自制心，不知會不會太無理。事實上如果和太太立場交換的話，不是開玩笑的，他也許會更過份也不一定？因此千課長只是默默觀看太太所做的事。

不過很幸運地，孩子對於存錢幣到豬公錢筒不知是覺得好玩，還是喜歡拿到錢幣的感覺，還是對於幫忙他或媽媽感到滿足，所以有段時間很認真地收拾家務事。託此之

福，豬公錢筒的份量逐日增加。

但也是一段時間而已。過了一段時間，孩子對於收拾環境而領零錢和存錢的態度開始有了變化。因為好玩、高興和滿足而歡欣的臉上，小小燈泡一顆兩顆地熄滅了。取而代之地是像習慣一樣，像作業一樣，不得已才那麼做似的，一臉面無表情。

然後某一天，回家看到孩子被罰站。臉上骯髒不堪，好像剛才流了一缸眼淚似的。千東基課長問太太處罰孩子的理由。太太沒有回答，只是將兩個10元的錢幣拿到他的眼前。

「這個是怎樣？」

「小背包裡拿出來的。」

「小背包怎麼會有錢？」

「就是啊，今天和朋友講電話，錯過出去接她放學的時間了。急急忙忙跑出去，也沒看到托兒所的車，也沒看到小眞。擔心地到處找人，出乎意料地，小眞和孩子們一起從超市出來，嘴裡還咬著棒棒糖。

一看到我才回過神來，把她帶回家時就問了。哪裡來的錢買棒棒糖？說是朋友買給她的。微弱的聲音聽來很可疑，回家放下背包時又聽到零錢的聲音。打開看看裡面，

零錢就這樣跑出來了。

　　然後又再追問，這時才實話實說，拿到零用錢沒有存到錢筒，趁大人不注意放到背包裡再去買棒棒糖。天啊！才這麼小一個，就已經會藏錢還有說謊，你覺得這像話嗎？」

　　「我認為她是太想吃零嘴了。小孩子本來就是這樣，沒什麼大不了的。」

　　「想要吃零嘴的話，應該要跟我說啊。而不是把要給她存的錢挪用！」

　　「跟媽媽說好像也不會買給她才會這樣吧。」

　　「老公，你老是要這樣袒護孩子嗎？不對的事要好好修理一頓，下次才不會再犯呀！」

　　「知道了，我和小真說一下看看。」

　　擺脫再說下去只會繼續氣憤的太太，千課長走近罰站的孩子。然後拉著孩子的手走到外面。他帶著靜默的孩子，到附近區內的速食店去。買了漢堡和飲料給孩子吃，他一邊悄悄地問。

　　「小真不喜歡存錢嗎？」

　　「嗯……」

雖然和預想的一樣，但直接從孩子嘴裡確認答案，心裡還是有點吃驚。

　　「為什麼討厭呢？」

　　「很丟臉。」

　　「丟臉？哪裡丟臉呢？」

　　從孩子嘴裡吐出意外的回答，千東基課長不得不嚇一大跳。再怎麼樣，小孩怎麼會說這什麼胡說八道的話。

　　「朋友都說我是乞丐，沒有錢連點心都沒得買來吃。我討厭做乞丐。好丟臉喔！」

　　好像是看到同齡的孩子們吃點心，或者也想要吃，而被嘲笑的樣子。

　　「所以才會把零用錢放到背包裡啊，想要讓朋友都知道，我們小真不是乞丐。」

　　「嗯，對啊。」

　　想要滿足慾望，顯現在外表上的即物性反應的年紀。在這個時候，被小朋友們嘲笑沒錢吃零食，所以才會討厭存錢而感到丟臉。千課長想要安慰小女兒受傷的心靈，也想給她鼓舞勇氣。所以稍微思考一下才開口。

　　「小真啊，好好聽爸爸的話，我們小真絕對不是乞

丐，是因爲最後想要變成富翁而存錢。小眞成爲富翁的話，知道會怎樣嗎？比現在朋友們還要有更多好吃的點心，不管多少都能買來吃。那朋友們都會很羨慕小眞的！」

「眞的嗎？」

「當然是眞的。」

孩子的臉上又開始點亮燈泡了。在猛嚥口水的朋友面前，自己吃著堆積如山各種好吃的點心的樣子，而感到如此地歡欣。

對孩子要用符合她年紀的夢，符合她年紀的語言去教導。太太沒有意會到這點，用大人的夢、大人的語言去馴服孩子，才會挫敗。

不久之後，千束基課長背著孩子，慢慢移動腳步回家了。後背熱呼呼的，後面環抱的手軟綿綿的。好像好久沒有對孩子扮演好爸爸了，氣氛很溫馨。

但是在這氣氛的那頭，太太氣憤的樣子澆了一頭冷水。想好要使太太平心靜氣和說些安撫的話，他覺得今天還多了個要扮演好先生的角色。正在想著，背後傳來孩子的問話。

「爸爸！變成富翁的話，不買點心也可以買別的東西

◎ **對千東基貴戶的生涯規劃第二次監控結果。**

● 監控期間：2007年1月起至2008年12月止。

● 現金資產明細如下：

1. 儲蓄式基金：10.8萬元（增加）

    --> 每月儲蓄額4,500元 × 24個月

2. 相互儲蓄銀行定存：28.8萬元（增加）

    --> 殷實理財每月構成的多餘資金15,000元加入一年制定存

3. 變額環球保險：43.2萬元（增加）

    --> 第三年起每月繳納18,000元（增額最初月繳的6,500元）

4. 給薪加給：10.8萬元（增加）

5. 課長升遷給薪加給：24萬元（增加）

    --> 每月儲蓄1萬元（隨著課長升遷的給薪加給15,000元中，70%儲蓄，剩下的30%支出為主管交際費）

6. 托兒所保育費：13.2萬元（減少）

    -->5,500元×24個月

● 貴戶的現金資產共增加：104.4萬元。

● 往後隨著子女的成長，保育費預計會增加的情況下，為了達成十年後的財務目標，要求透過夫人的一起工作創造新的收入。

嗎？」

「對啊，變成富翁的話，什麼都可以買。」

「飛機也可以？」

「對啊，飛機也可以買。」

「大象也可以？」

「對，大象也可以買。」

「砰砰變身屁和小刀S龍也可以嗎？」

「呃？可、可以，砰砰變身屁和小刀……龍，當然也都可以買！」

「哇，好棒喔！」

太太提過砰砰變身屁所以知道，不過小刀……龍又是什麼？大概也是最近受到小孩子歡迎的卡通人物吧。對啊，那有什麼買不到呢？在快樂的富翁夢裡，你什麼都可以買！什麼都可以買的孩子在背後嚕嚕嚕睡著了的樣子。

在夢裡變成富翁的孩子，飛機也買了，大象也買了，砰砰變身屁和小刀……龍也都買了。孩子買來的所有東西，一下充滿了變得好重的夢，千課長背在背上一點也不吃力。反而熱呼呼又軟綿綿又溫馨地掛在背上，輕飄飄地好像要飛上天空頂端了。

幸福家庭如詩如畫

「小眞，今天要去看媽媽工作嗎？」

「嗯！很好，很好！」

到了今年，孩子有新的習慣用語，就是「很好」連續發音。進了幼稚園才有的習慣看來，在那裡認識的朋友當中也有小孩這樣說話，應該是過渡階段的樣子。

比以前用的「好棒」的表現，「很好」的話感覺更爲大人樣，千東基課長很喜歡聽。想當然爾孩子撒嬌的日子也所剩不多了，心裡也覺得惆悵起來……

千課長整理餐桌上的菜餚放到冰箱，將空碗洗完之後，帶著孩子進去浴室。

孩子也洗一洗，自己也大略洗洗。在那之後，換上外

出服出門去了。禮拜六耀眼的午後陽光，歡迎這對父女的外出。

固定一週五日上班制，千東基課長的禮拜六是要完全和家人一起渡過的日子。也是幼稚園休息的這一天，只有一件可惜的事，就是太太無法和家人一起共渡禮拜六的事實。

太太秋薔薇在孩子滿六歲進了幼稚園，就投入想了很久的工作戰線。在五年前先生接受的生涯規劃的財政目標當中，有要擴寬現居的18坪公寓，搬到接受分讓的33坪公寓的理想。

33坪公寓加上保險和各種儲蓄的資金等結合的家庭未來，特別是可以規劃隱退後他們夫婦的老年，算是活用在此重要財政基礎的腹案，想要完成這樣的財政目標的話，太太的一起工作是有必要的。

將來剩下五年時間，但是太太一起工作卻沒有想像來得容易。少女時代有過職場生活，但是結婚後就是打理家計的家庭主婦，願意給她職位的地方不多。不，當做沒有也無妨。

就業，這個和主婦們距離遙遠的單字。再怎麼找，找得要死要活地，或許也有矇瞎了眼上當的，那可能必須要

出賣不少的時間和體力。

　　所以太太放低眼界找到的工作，正是在百貨公司賣場打工。當然這種工作儲備人員並不多。東奔西走，又忍又等，才輪到太太。

　　做爲消費者時是女王，但做爲求職者去拜訪時，便只能接受對待成爲沒膽的熊玩偶，但穿上百貨公司制服的太太極爲高興。從早上10點開始到晚上8點，一天上班10小時，一天有1,200元的打工職員身份。

　　太太同時工作，對家庭生活構造帶來不小的變化。首先太太這邊，一個禮拜中只有百貨公司關門的禮拜一，可以完全做主婦角色。其他剩下的日子，只有上班前早上時間和下班後晚上時間，勉強可以打理家務。因此必須要有代替人力來塡補太太的空位。

　　煮飯還有家務事實上不是問題。飯的話有電鍋，菜的話在冰箱先充份準備好的話，也可以當場免掉麻煩。

　　家務的話，衣櫥、壁紙、廁所、地板或天花板之類的，長腳長翅膀也逃不到哪裡去，不是要擔心的大問題。

　　問題是孩子。太太將孩子送到幼稚園後去上班的話，下午2點30分左右回家的孩子沒有人照顧。而且也沒辦法請人。當然千課長每天從公司早退也是方法，但這卻是推向直接寫辭呈回家呆坐的更厲害的方法，無法採用。

那麼太太上班時間減少，只做到下午2點？那樣的話一天是450元，一個月的話450元乘以25天是11,250元，這裡再扣掉午餐飯錢和交通費最少抓個3,000元的話，才剩8千多元。那個錢的話，不如在家黏黏信封或是貼熊玩偶的眼睛還比較好一點吧。

　　克服這個窘況的救援投手，最佳人選就是「丈母娘」。千東基課長紅著臉眺望遠山期間，太太纏著說服親娘。託好女婿和好女兒的福，丈母娘從禮拜二到禮拜五的下午時間，和外孫女共渡，而且每個月可領零用錢名目的6,500元保育費，不知是否因為這樣破天荒的折扣價收到藥效，千課長臉的血色更深了。

　　像這樣重新編配的生活結構，一段時間雖有點生硬的噪音，但漸漸步上軌道也找到定位。禮拜六和禮拜日是千課長包辦家裡的事，孩子覺得爸爸做飯好神氣，納悶著那媽媽在做什麼呢，為了孩子，千課長決心幾時一定要讓她看一下媽媽工作的模樣。

　　今天就是實踐心願的日子。太太工作的百貨公司在搭公車距離三站的地方。搭坐公車期間，千課長想起和高課長談起，要讓孩子參觀媽媽工作地方的問題。

　　「雖然還小不懂事，再長大一點的話，就會知道自己媽媽的工作並不那麼高尚。到那時候，或許會覺得羞愧，

有點擔心。」

「那看父母做什麼而定，別太擔心。父母堂堂正正的話，自己也會仿效，成為堂堂正正的。媽媽認真工作的樣子，不加不減地給她看。對孩子教育再沒有這麼好的刺激劑了。」

但是太太的想法和高課長不同。本來周圍就有許多媽媽打扮得華麗漂亮在走動了，媽媽穿著比較生硬僵化的制服工作的模樣，對孩子可能會造成傷害。

太太讓他想起去年的「零用錢隱瞞事件」，也是因為別的小孩在吃零嘴，自己卻沒得吃的比較心理惹出的事。還好將比較心理轉換成對未來的期待心理，用此方法順利渡過危機，但是太太認為，六歲這個年紀對世上櫛比鱗次的我和別人的差異，還是難以接受。

千東基課長覺得零用錢隱瞞事件，太太受到的心理衝擊比自己料想的大得多。不管怎樣，依太太的判斷，看來自有一定的道理。但也不想將高課長的勸說就這樣聽聽便算了。難道怕蛆就不做醬嗎！千課長決定要做醬。只是做醬得要瞞著太太做才行，所以出發之前就先囑咐孩子。

「小真，到百貨公司的話別找媽媽，遠遠地乖乖看媽媽工作然後就回來了。懂不懂？」

「為什麼只能看？」

「那是因為媽媽工作太忙了啊。很忙又一直靠近要說話的話，媽媽說不定會生氣。所以我們別叫媽媽，安安靜靜地然後就回來。聽懂爸爸的話了嗎？」

「嗯，懂。」

千課長帶著孩子下了公車，走向十字路口的百貨公司。因為是禮拜六吧，如預料一般地，百貨公司裡擠滿了人。在亂哄哄裡看到太太在那邊工作的樣子，假如告訴她來探班的事實，看來太太也一點閒工夫都沒有。

孩子站得遠遠地，聚精會神注視著媽媽熱心對著客人說明商品的樣子。一副驚訝又神奇的模樣。因為對媽媽穿著制服的樣子也很陌生，所以孩子會有這種反應是當然的。千課長讓孩子再多觀賞媽媽一下子之後，便拉著她的手腕離開了。

「小真，看了媽媽覺得怎樣？」

千課長問孩子參觀的感想。他期待著即使不是「很好，很好」的回答，一點點也好。

但是孩子沒有回答問題，只是一直回頭看百貨公司的方向。心裡記掛著自己的媽媽再怎麼樣也會從人群中擠出來的樣子。千課長也跟著孩子好幾次回頭看向百貨公司。

千課長納悶到想要當場剖開孩子的腦袋瓜看看心情。

真悶啊。快說話呀！但是換句話來說，可能感想很複雜。年紀還太小，所以搞不好要花相當的時間細細整理這複雜的事。

沒像罐頭一樣在頭上裝蓋子，他只好一直忍著。不忍的話還有別招嗎？沒別招的人，一個月兩個月過去，一年兩年過去了，瘋了跳起來，可能連為什麼要跳都忘記了，不過孩子表明感想卻出乎意料地快而鮮明。那也才不過六天……

離一週還有一天的禮拜五晚上7點20分。從公司像飛箭一樣跑回家的千課長，由丈母娘手中帶回孩子。但那天不只是接孩子而已，還包含孩子在幼稚園畫的圖畫。

打開圖畫的瞬間，千課長像是嘩地打開腦袋上的蓋子，有一陣快感。然後過了一個多小時，太太再次接過圖畫，打開圖畫的太太嘩地如同打開的不是腦袋而是心中的蓋子似的，經歷同樣的快感。而讓他們夫婦共同擁抱快感的圖畫題目是「我的家人」。

在圖畫的焦點裡，畫有看起來像是爸爸和媽媽的男女人像，和中間看來是小孩的小小人像。

不過印象深刻的是媽媽人像的外型。全身黑色，手臂塗上白色。正是穿著制服的樣子。

而更加印象深刻的是媽媽和爸爸和孩子全部高興地笑著的事實。展露毫無瑕疵明亮而耀眼的笑容，三人手互相緊牽著的樣子，看起來就像是在大叫著「我們家庭好幸福喔！」

　　如此一來，打開頭上蓋子也打開心中蓋子的「我的家庭真幸福圖畫事件」之後，每週的禮拜六晚上八點時分，跑去百貨公司參觀太太認真工作的樣子，然後三人牽著手回家，這事已像是成爲千課長一家的週末慣例了。

站在兒童成長起跑線

「我絕對不要看到小真輸人！」

太太態度很強硬。一點也沒得商量的意思。釘上絕對
不妥協的釘子，在太太的氣勢面前，千東基課長有點站不
穩。這女人來真的？千課長的內心像即將爆發的活火山一
樣燒得火熱。

「都還沒進學校的孩子耶！這麼小不點的，國語老師
就算了，英文、美術、鋼琴，這還不夠，現在連心算都要
教？你，精神對不對啊？」

「我精神好得很！阻擋教育自己小孩的你才是精神異
常吧？」

後頸變僵硬了。猛然上升的血壓大叫著，再繼續刺激
的話就要爆了。不是這樣的。至少千東基課長知道太太秋

薔薇不是這樣的女人。她比誰都還體貼，是很會配合未來規劃去打理調整目前生活的人。這樣的女人掉到愛小孩的圈套倒地不起之後，再也沒有振作起來。

直到三月底左右的某個晚上，太太還是極為正常的狀態。當時嘴巴和胃正享受著香噴噴的涼拌春菜和茼蒿湯的千課長，太太一臉煩惱的表情是這樣說的。

「再怎麼樣還是得要給小真請國語老師吧？到了七歲都還不太會念字的……」

如果在以前的話，是進了小學才學國語，但是最近的父母很勤於教育，所以一般五歲大時就開始慢慢念起童話書了。每個小孩或有一點偏差，但在入學之前大部份的小孩都已啟蒙過了，這是長久以來的常識。

因此明年就要成為學生家長的處境之下，千課長對孩子完全沒學字的事，內心是很傷腦筋的。太太是太太，自己在賺錢卻沒能替孩子好好著想實在說不過去，心裡感到不安。就這樣，啟蒙孩子的家庭教師第二天下午便找來家裡了。

孩子的學前教育的腳步就這樣開始了。感覺上相對落後的孩子，覺得必須適當地處置的爸爸，認為之前疏忽孩子而產生罪惡感的媽媽，以譬喻來說的話，就像替疏於照

顧而枝葉枯萎的花草，急忙加水照料一樣的局勢。因此家庭教師一事，任誰看來都是適切而妥當的決定。

但是在那之後問題就來了。給花草加水的局勢，走到將花草陷入水裡的地步。剛開始太太眼中看到孩子落後的部份是國語。只有這個。但是沒有多久，太太停滯在國語的心神轉移到英文、美術和鋼琴，終於將焦點落在心算上。

在這期間，千東基課長的心情經過期待和觀望，再來心懷憂慮，然後陷入焦心，最後憤怒都衝上來了。到底這什麼心算啊？因此他說不行，不、就算做了也會偷雞不著蝕把米的話都脫口而出。

「孩子升上幼稚園費不算，也要花掉1萬元！再減也不太行的情況下還要增加，到底是要怎樣？」

「那麼捨不得錢的話，你就不要管了。用我賺的錢來教好了！」

「現在不是要分你的錢我的錢的事！」

千東基課長大聲高喊。家裡上下一陣震動。閃電之後雷聲大作似震怒的千課長，不是只有太太用驚訝的眼睛注視而已。好像睡了一下醒來的孩子揉著眼睛站在小房間的門邊。因此不能再叫得更大聲，也不能再吵下去。

千課長隨手拿起先前掛在餐桌椅背上的西裝外套，走

到外面去。迎接下班的他，太太佈了一桌晚飯，講起心算話題也才15分鐘的事。大聲甩上門走出去，他看了一下隔壁的大門。因爲太太變成這樣，隔壁的女人也參了一腳。

是叫慶雅媽媽吧？慶雅是和小眞同年的小女生。太太由隔壁女人介紹國語老師之後，慶雅就變成太太以小眞之名追隨的標誌了。不幸的是，那個標誌還繼續往前移動下去的事實。大概是那個標誌也有追隨的其他標誌在前面。

不停地觀察摹仿對方，沒有一起排成隊伍就不安心的人們，這些人占多數，去排擠脫離隊伍的少數，而自己人裡淨做咬人和被咬的零和遊戲的結構⋯⋯太太正執意要躋身到這隊伍裡頭。

對於太太的這個心意，千課長也不是無法理解。自己肚子餓下去，也是把自己生的小孩的事放在前頭，世上每個媽媽大概都會是如此。即使表面看來是維持冷靜，其實搖擺不定的媽媽，比起來也是五十步笑百步。

事實上如果是以前的心境的話，背著小孩往前走一百五十步，不、兩百步的偉人正是千課長。他老早就找高尙杜課長對學前教育問題，展開過唇槍舌戰了。

「放下心思哪裡是那麼簡單的事？那是自己小孩的事

才會這樣。」

「不是說對小孩的事不要期待和關心。是要警戒過分的貪心。」

高課長用杯裡的水潤潤乾燥的嘴之後，舉出自己喜歡的例子。

「就說有個在聖堂認真做服事活動的孩子吧。父母對那孩子未來可以有兩種希望。一個是成爲神父，另一個是成爲教皇。

在這裡頭，成爲神父對孩子才是適切的期待和關心。但是成爲教皇再怎麼樣看都是父母過分貪心。現實上要達成目標的可能性很低。而最近的父母似乎都急著想把適合做神父的孩子，培養成爲教皇。因此累了孩子，父母也只能落得不幸。」

千課長對高課長所說的現實上的可能性云云，感覺太過份了點。可能性很低其實是不可能，但可以斷言挑戰它的話就會不幸嗎？連尿都不撒在小孩子的喉嚨裡那白浪費錢的地方，又聞到小氣鬼哲學的氣味了。說真的，捨不得會吃死人的藥錢所以不死的小氣鬼傳說不也流傳下來了嗎。

「但不是也沒有不能培養教皇的理由嗎？也有99%的

努力和1％的天賦而成為天才的偉人。只要看到孩子有1％的可能性，就不要吝惜99％的努力。這不就是父母的心情嗎？」

千課長說話的氣氛有點刺人。而高課長輕笑著回答。

「那是父母的心情沒錯。但是為什麼一定要1％才行？仔細找找的話，2％、10％和50％的可能性都會浮在眼前。

投資在這些的可能性的話，只要98％、90％和50％的努力，就可以把自己的孩子塑造成天才不是嗎。

我所說的是要好好選擇領域和類別去投資。萬一愛迪生走的不是發明家而是音樂家的路的話，可能就不會登上偉人的行列。我相信將努力傾注於能夠多發揮1％天賦也好的方向，才是成為天才的秘訣。

像這樣容易走的路不要，全部都跑上99％的路，結果不就是今天我們教育的熱潮？在熱潮裡流了滿頭大汗，現在才會到了因為孩子教育問題，自己家裡生計困難，老後規劃要放棄的聲音到處汲汲爭相出頭的地步！」

不管是教皇、愛迪生、太太、隔壁女子都在汲汲鑽營。全部都排成隊伍在汲汲鑽營，只有千課長自己一人被推出隊伍之外遭受排擠的樣子。但是夫婦是一心同體，雌

雄同體不是嗎！因此他也在太太埋身隊伍中的某處屈從而汲汲營營著。

太貪心了，火大、鬱卒又難過，所以打電話。

「可以去你那裡走走嗎。」

「今天不方便，明天下班再來吧。」

嘟！高課長也不讓我去，在這時間點立刻變得無處可去。此時是晚上9點45分。再回家去嗎？也不能。所以便只好去三溫暖。

雖是平日，但三溫暖裡還是人很多。這些人應該不全都是夫妻爭吵而來的，那為什麼有家不回要來這裡呢？千課長關掉電話之後，沖完澡出來到三溫暖室流流汗。然後再到澡堂把汗洗掉。但是貪婪的心卻不容易洗乾淨。

因此過了子夜到凌晨一點、兩點，都還睡不著。沒辦法之下，在三溫暖裡走來走去再進去熟眠室躺躺，又再匍匐來到體力鍛鍊室練跑步機，讓額頭和腋窩汗如雨下。這樣還是睡不著。反而是饑餓一股腦兒湧上來。晚餐也沒吃就這樣離開家裡，肚子真的是該餓了。

千課長用五個麥飯石雞蛋和一罐飲料填滿空腹。然後再進熟眠室躺下。要睡不睡地眼睛緊緊閉著看來，是快要睡著了。就在此時，心頭部位開始隱隱作痛。急著吃進去

的雞蛋卡住的樣子。要把塞住的東西乾嘔出來。該死的，睡眠都毀了。

想要找法子解除消化不良，所以買碳酸飲料來喝，跟店內職員拿針刺手指頭。

但是塞住的肚子一點也沒消解。而且想要嘔吐，抓住化妝室的馬桶直吐。就算是下面塞住的從上面排泄出來。

這樣經過一陣折騰完，不幸地時間已超過凌晨5點了。但是更不幸的，吐得精疲力竭就算了，但悶悶的感覺仍在。喔，快死了！

不管怎樣好像還是有小睡一下。睜開眼睛時是7點50分。千課長沒有起身，把手移到下腹。心頭附近翻騰的脹氣往下到腸的方位了。移動或壓住的的話都會感到疼痛。因此只好慢慢移動身體。

千東基課長用半蹲的姿勢，整理好頭和臉之後，著衣離開三溫暖。然後招了計程車。要利用大眾交通，狀態是太差了。搭著計程車到公司期間，在腸子部位擰扭的疼痛漸漸加劇，開始毒氣爆發了。

計程車停在公司前面之後，千課長默默地忍著劇烈的腹痛，好不容易進到辦公室裡。然後一坐到位子上，額頭便撲倒在辦公桌。直冒冷汗而病痛呻吟的他，被太晚發覺

的職員們急忙移送醫院。

　　診察結果是急性盲腸炎，必須立刻進行手術。在那之後什麼是什麼的頭緒都抓不準了。在那之前已經昏迷的精神，保險絲燒掉再亮起燈來時，已經手術結束了。這當中太太飛奔過來，公司的人們來來去去，最後高課長也來慰問了。

　　了解大略的來龍去脈，高課長和太太好像進行了一段不長也不短的對話。對話的內容最後是由太太的嘴巴傳述的，高課長個人頗有交情的朋友妹妹的故事占了對話的大部份。高課長說的故事的大綱是這樣的。

　　高課長的知己好友中的某人，有個高中畢業後就沒事做游手好閒的妹妹。那個人的妹妹在學校上學時，就對唸書毫無興趣或熱忱，好不容易才拿到畢業證書。小時候給她各式各樣的課外教學，成績也是普普通通，頭變愈大也愈討厭唸書，結果大學入學都失敗。

　　拙劣的條件能進的職場或能做的事不多。僅有速食店或便利店打工的工作，連那個都不想只顧著過悠哉的天鵝生活，哥哥看不下去了，把她叫來諄諄教誨一番。

　　她聽得不甘不願，要求哥哥說那不然送我去美髮學

176

院。

　　說是對美髮師有興趣，其實是旁邊的人老是叫她要做點什麼事，隨便想也沒思考就說出來的正是美髮學院。無論如何，她在家人的逼迫下進了美髮學院，受業後在學院介紹下到美髮院工作。

　　這樣子在美髮院工作混了超過兩年多時，偶然間遇到高中同學來美髮院剪髮。同學在上大學。但是同學是同學，職業是職業，因此按照平常般拿起梳子和剪刀就好了的事，她卻覺得心裡很不舒服。

　　同學回去之後，她開始仔細思考。自己的心裡為什麼會這麼不舒服……又不是做小偷，再且以在此領域累積的經歷看來的話，也是具有該當的價值和自信，但她自己的內心總是不舒服而納悶著。

　　如此反覆苦思的結果，她領悟到自己是美髮師的事完全不覺得驕傲，也沒有興趣的事實。那麼要做什麼事才會驕傲而有興趣呢，她又開始思考，而找到的答案正是英文。

　　她在上學時，即使不唸書，英文的分數也不錯。

　　對其他的科目比較漠不關心，但是英文時間都很集中聽課的關係，加上本來就很討厭唸書了，所以上課以外的

時間也不會特別去唸英文。

可不知怎麼回事，只要一唸英文的話，就會很專心，想要一直看下去。再加上現在社會風氣看來很重視英文，只要累積實力的話，她認為一定可以獲得不少的自信和報償。

她已經決定要學英文，卻不是像別人一樣在國內的學院學習，而是決心要遠渡重洋到美國學習本土英文。因為是比別人遠遠落後才開始學習，她覺得想要超越他們的話，就必須要和別人不同的學習方式。

她告訴家人自己的想法和決心。父母都反對說不能把這麼大的女兒送到那麼遠的地方去，但是哥哥的想法不一樣。他的立場是應該要積極促成，照她的想法去做。因為到現在為止一次都不曾對什麼事情熱中過的妹妹，要照自己方法做些什麼是很奇特的。

那之後，託哥哥在物質和精神方面的支援，她坐上往美國的飛機了。她到了美國馬上就靠擦盤子賺錢，一邊上語文學校。抱著不用哥哥寄來的錢，好好賺錢，太舒服地唸書，實力不會增加的想法，反而用心一邊擦盤子一邊現場學習英文比較有效。

她認真地工作，認真地熟練英文。結果，才去美國一

年就可以進兩年制正規大學的課程，整個過程也很順利修完。就這樣結束三年期間的美國生活，她踏上歸國之路。

回到故國的她，不再是過去無能的天鵝，也不是那毫無熱忱的美髮師。而是成長為具有力量能夠飛向更巨大的角色、更發光的未來的實力者。

她成為英文講師。在美國流汗熟習的英文實力，現今社會人口相傳，號召人群。如此沒有多久，她便擁有一流講師的地位和名聲。

不過幾年前，如果沒有什麼期待或意念地安份於現實的話，她終會過著平凡的美容師生活而退休。但是重新睜眼看到自己的適性，並且果敢追求的勇氣和實踐力，改寫她的人生。

她以自發性的意志和勇氣開拓自己的命運，而登上耀眼的成功者的行列。

就像別人不能代替自己的人生來生活一樣，人生的成功和失敗不是別人而是握在自己手裡，她親身實證讓我們看到這個事實。

太太聽了高課長的話似乎想了很多。不知是否因為如此，不然就是對猛然發火離家，整夜失去聯絡，第二天卻

讓自己魂飛魄散地奔到醫院的先生，又愛又恨的關係也不一定，太太改變自己的想法了。

如此一來，又恢復成比誰都還體貼，很會配合未來規劃去打理調整目前生活的人了。以掉到愛小孩的圈套倒地不起之前的明快精神狀態，太太秋薔薇宣誓般地說。

「只留下國語老師，其他都不要了。」

千東基課長在醫院待了兩天就飛來好消息。千課長把好消息的直接受惠者即孩子，叫過來低聲問。

「小真，幼稚園下課不用去才藝班好嗎？」

「嗯。很好，很好！」

「那現在開始，只跟國語老師學寫字就好了？」

孩子沒有回答，而是立時皺著張臉。不喜歡的樣子。

「小真，不愛學國語嗎？不認識字的話，很多有趣的童話書和漫畫書都會看不懂的？

嗯，那跟爸爸說，小真不要國語，那喜歡什麼呢。」

「畫圖。」

「喜歡畫圖啊？」

「嗯。很好，很好！」

腦子裡突然浮起一句話。

「好感是才能之母。」

哪裡聽來的話呢？什麼出處又怎樣，重要的是孩子說不定潛藏著以繪畫成功的才能種子。

「……我所說的是要好好選擇領域和類別去投資，能夠多發揮1％天賦也好的方向……」

那麼的話……高課長說的2％、10％、50％的可能性，對小真就是繪畫？哎呀！

千東基課長在心裡開始焦急地呼喚剛好離開位子，好像是去化妝室上廁所的太太。

「老婆，國語老師就這樣決定了，畫、畫畫不能再留一下嗎？」

編織不動產投資大夢

　　隔了三年再度見面，雖然中間通過兩次電話，但因各自的生活空間不同，所以很難相聚。這位曾經在同一職場吃同一鍋飯的同事，可是千東基眼睛張開時，比妻子孩子見面時間更久、更頻繁的知音。他是堅實的依靠，同時也是競爭者的入社同期同事。金代理如今在面前微微笑著。

　　同樣的臉孔，但是從三十中期一下子跳到三十後期的歲月痕跡遍佈臉孔。這麼一來，現在就已微微顯露中年的神態。對面這臉孔的千東基課長也微微笑著。

　　「還是跟以前一樣在那裡工作嗎？」

　　「是啊。」

　　那裡指的是金代理的叔叔經營的泡菜工廠，在業界尚

未達到水準也沒能嶄露頭角，但是內部就像涼白菜一樣會發酵的企業體。為了邁向展示於市中心有名的百貨公司的地位，金代理果敢地遞了辭呈。

誰都希望能逐鹿中原，雄心勃勃地開始公司生活，但是跑在前面的旗手一個兩個被割喉落馬，大部份的人終究會銳氣重挫。這樣看來，必須插上旗幟的中原在視野中消失不見，只看得見緊貼的馬背和握牢的韁繩。

有討厭這麼危險的角色而換馬騎的，金代理就是這一類。千課長的情況是周圍看到得可換騎的馬，而換馬騎也沒比較安全的狀況之下，便趴在馬背握住韁繩，向離開的同期揮手帕致意。

千東基課長當時很羨慕金代理，想要離開公司時就可以離開。即使如此，他仍留下來繼續掙扎，因為這樣子而能做到課長，說來就沒什麼好羨慕了。金代理遞來的名片上印著部長的職稱，令他頓時氣短，羨慕的幅度如今翻然加大。

組織規模小，叔叔是社長，所以不當部長而做理事職級的人未免不合情理，就算是這樣，金代理的好命依然令人羨慕。而且若未惹出重大事端，這份差事是不會有落馬的一天的。

「你說沒有機電人員？」

組織小，比起用系統處理起來，三不五時必須親身解決的事情繁多，在電話裡早就聽他訴苦過了。

「親身解決的事跟以前一樣，如今有了訣竅也上了軌道，比以前少花點力氣吧。」

金代理突然將兩隻手掌攤在面前同時問道。

「知道我用這手在做什麼嗎？」

又是刮傷，又是裂痕，紋理很深的手掌。從它的粗糙和堅硬，隱隱散發出勞動的味道。打鍵盤和動筆的事說勞動也算勞動，但和這種勞動的手掌紋理不同。

知道在做什麼嗎？那應該是機電吧。在像陳年泡菜一樣發酸的汗水，整整浸了三年歲月的手掌面前，千課長無法輕鬆地開口。對沉默的千課長，金代理又補上一問。

「還有在繼續理財嗎？」

「當然了。不過怎麼會說到理財的事？」

「這雙手在做的正是理財。」

不是機電而是理財？金代理？不過連天地間最不成材的千東基這號人物都跳進理財了，金代理沒有理由不行，不過，做什麼理財才是重點，理財的海洋既深又廣，最近金代理撲通撲通揮舞的理財種類是什麼要聽了才知道。

「聽過REITs（Real Estate Investment Trusts，不動產投資信託基金，透過發行股票或證券收益從投資者募集資金後，將它投資在不動產或不動產相關的有價證券等，將其收益分配給投資者的不動產投資公司又或這樣的投資商品）嗎？」

「那不就是不動產投資信託基金嗎。」

是一種將投資者集資的錢投資在不動產，產生的收益，分紅給投資者的不動產間接投資商品。對於大略如此定義的REITs，千課長聽說過，興趣不大。興趣不大所以知道的不多，知道的不多所以將來也不會有什麼興趣，不過他對金代理在做REITs一事倒是非常感興趣。

「去年在勘察蓋新的泡菜工廠的位置，同時進行和不動產相關的種種觀察和研究，那時偶然地對這塊感到興趣。」

就要蓋新的工廠這件事看來，事業很成功的樣子。像叔叔軀幹逐漸壯大的企業一樣，金代理的人生也在名為REITs的理財方向中壯大。

「做得如何？好玩嗎？」

「還好啦，分紅收益率只有11％。」

金代理一臉不甚滿意的表情。

「喂，這位老兄？什麼只有11％，這種時候11％的話是多麼高啊？」

在存款利息不過是4％的時代，11％可是足感驕傲的超過兩倍的超高收益率……嫌少倒不如讓給我的話忍在喉嚨裡。

「我剛開始也這麼想。啊，11％！我好好來選一個玩玩，原本是這樣，但不久前想法卻整個改變了。」

「為什麼改變了？」

「更高的，不、超級大的出現了。」

到底是有多高，到超級大的地步？聽到他說，分紅收益率是20％。千東基課長真的懷疑起自己的耳朵了。20％？喂，開這什麼可怕的玩笑……但是玩笑並不只是這樣。

「預定遲早會在股票市場上市，這樣的話股價再差都會暴增到票面價的十倍。」

心頭砰砰跳。十、十倍？玩笑開過頭的話就會成真的定理。千東基課長的意識在分紅收益率20％和股價上升十倍之間來回震盪。游移不定、遲疑不前之間，他的心像射出的箭一樣發出破風聲音，飛向超級大目標正中紅心。在

這同時，像嘆息似地冒出如下的話。

「金代理，也讓我跟隨你吧！」

要投資超級標的的人在這裡相隨了。不過，在跟隨金代理之前，首先要通過一個關卡，就是太太，老婆，這我可以跟吧？千東基課長一回到家，整顆撩動而焦躁的心裡焦慮著，發射超級大目標的名字。

「老婆，聽過REITs嗎？」

「你決定要這樣做的話，就試試看吧。」

沒有執拗而堅決的攻略，敲了幾次，太太輕易就開啓門了。呵，真稀奇……不只這樣，千東基課長小心翼翼地，說出這樣應該可以的投資金30萬元，太太對此也沒什麼別的異議。

這會帶來60萬元嗎？

幾天後，千課長跟著金代理雄糾糾氣昂昂地，拜訪一家經營REITs事業的證券公司辦公室。並且發現那是椿比原先想的還要更巨大而值得信賴的投資機會，果真是百聞不如一見。

千課長在投資說明會時，從主辦單位接過分發的事業

相關企劃書和各種資料，然後仔細研讀。事業內容是在行政都市開發地附近的島嶼中，買入公告做為娛樂地段開發預定地的島嶼土地。

千課長拿到提供的資料當中，還有有線電視播放畫面的錄影影片，由不動產專家現身見證，介紹該島地域為投資的有名地域的場景，更令他感覺這是會成功的投資物件。看起來沒有胡說八道的道理，他毫不猶豫地把準備好的30萬推出去。

馬上感到好可惜，這項投資遲早會暴增為十倍，只投入30萬元的話，獲利不也才只有300萬而已！一生搞不好一次的大發機會，不是應該要再更果敢地賭下去嗎？到處籌措只要湊得到300萬，也許就能拿到3,000萬了。有錢人的最少票面價！遺產稅的繳稅對象！喔，光聽心都揪成一團般的夢想數字，3,000萬！

問題是果真能湊到300萬嗎？基金加保險加定存之類等儲蓄的錢全部提出來的話⋯⋯不停地快速計算。想想好像再怎麼樣也必須和太太當面研究才行。

千東基課長這次也是整顆心被撩動著回家想和太太埋頭研究。但是太太沒有點頭，而是給他一陣嘲諷。

「老公，現在精神有沒有問題？」

189

幾天前敲了幾次就輕易開了門的太太不知跑到哪去。冷淡的聲音襲擊因太太的突變而愣住的是千課長的臉。

　　「知道先前為什麼我會乖乖順從你的意思嗎？這幾年來，感謝你沒大事故地誠實生活，又不知不覺產生信任的緣故。可是現在看來，我似乎根本就想錯了。你沒有變，一點都沒！」

　　雖然頭昏腦脹，無防備地蒙受叱責，但是內心裡倒沒有什麼火氣。因此千課長用先前沒有運用到的執拗堅決的攻略，開始敲起門。而太太冷淡的聲音也隨即冒出火花。

　　「老公，用300萬賺3,000萬你覺得是妥當的事嗎？那不是投資，是賭博啊？假如賺到3,000萬，不、是即使真的能夠如此，我還是誓死反對。

　　賭博是萬萬行不通的，將我們家人的命運掛在不是豹子就是沒點的賭博之類的想法，就算只有一丁點也不行，絕對不行！」

　　菜色在全部擺設好的餐桌上再加上一根湯匙的事怎麼會是賭博呢？這種事情叫做幸運和機會。前後量量、左右算算時，不是豹子也會開出滿點的賭盤。拜託這次再順我的意思一次吧！

　　千課長的攻勢次日、再次日連續不斷，終於成功打開

上鎖的門。但不是那麼愉快的成功，存摺和證書和房契，甚至刻薄的話全都從太太那兒飛扔到他頭上。

「要烤來吃還是煮來吃都隨便你。但是從那瞬間，我們只是屋簷下的陌生人！」

話一講完，太太馬上進到小房間。從小房間的門縫流洩出陣陣咳嗽的聲音。從昨天開始孩子就在咳了。費力、硬拗得來成功的千課長，心裡一角也開始咳起來了。

第二天千東基課長跑外務去銀行。雖然心裡還記掛著太太絕裂的話，但是忍住堅持下去就沒事了。

當300萬暴增為3,000萬的瞬間，全部的衝突都會被遺忘的。

千課長抽了號碼牌之後，坐下來等著順序。噹噹噹！漫長的等待結束，通知輪到他的號碼終於出現。千課長從位子站起來，走到窗口去。就在此時手機響起。是丈母娘打來的。

「女婿！我現在帶著小真在家前頭的醫院。」

孩子咳嗽漸漸嚴重起來，額頭也熱得發燙，所以帶來醫院。結束診斷，醫生說是肺炎要入院治療。千課長像挨了一棍的人一樣，呆站了一會兒。然後不是跑向窗口方

向，而是朝向停在銀行外頭的計程車。

「醫生說，接受三天的治療左右應該就沒事了……」

千東基課長想對遲遲才從百貨公司奔來的太太說安心不會有事的。但是太太聽都沒聽，越過他走向孩子。孩子已經打完抗生素了，正在沉睡著。千課長走出病房消消心裡升起的火氣。對，再忍住堅持一點就好了。俯視黑暗的窗外，他安撫內心。

那天千課長被渾身散發拒絕氣息的太太趕出來，回到家裡睡覺，第二天早上去醫院然後再進公司。而太太是在醫院渡過一晚，第二天早上將孩子交代給來醫院的丈母娘，然後回家再去百貨公司。所以夫妻等於是剪刀的雙刃一樣磨擦移動著。

磨擦的不只這點，午餐時刻面對太太決心要離婚鬧事的威脅，千課長認為是和昨天一樣在僅是在挑釁，然後正要申請外出，想走出辦公室那一刻，他的手機響起。是金代理打來的。

千課長走到辦公室外接電話。傳來金代理一副無力的聲音。但是聲音傳達的內容卻是威力強大，昨天挨打的地方又再次受到挨打，他像失神似的站了好一會兒。

這又是怎麼回事？是被鬼迷了心竅？將千課長的神智抽掉的電話內容是一句「我們，被詐騙了」。因此他在公司前面招了計程車，不是直奔銀行，而是主管REITs事業的公司辦公室方向。喔喔，這真要命！

　　「昨晚爆發的樣子，昨天傍晚為止明明還接到辦公室的電話！」

　　那應該就是半夜逃走了，辦公室內都是氣憤跑來的人，狀況一團混亂，不知是誰將手邊所及的雜物亂擲一通，好好的玻璃窗全部碎成一地。在這團亂哄哄裡站著的幻影一、二，千課長和金代理離開出去外面。然後爬進附近的酒店。

　　「警察那邊怎麼說？」

　　「就別太期待的那套說法。這一類的詐欺事件，大部份的壞傢伙在事前就已將逃亡方法縝密準備好，這情況下，是很難抓到人的。」

　　「我還是無法相信，獲得電視報導的著名企業，會是詐騙嗎？」

　　「有線電視畫面，恐怕也是那個傢伙的詐騙伙伴們演出製作的，那家電視台根本不存在。被像鼠輩一樣的傢伙

的招術給完全玩弄了，我們全部都是。」

力氣渙散了，燒焦的內心裡積滿了灰燼，千課長無法可施地撣撣變黑的內心。然後也不知是捨不得被吞掉的30萬元，或者是對於幾乎全部不見的財產平安無事感到安心，他呼了一口氣。

金代理卻是很擔心，他所有錢和財產都豁出去了。

算是像某電影中的賭客一樣，籌碼全下了，他受到的打擊和傷心是千課長所不能比擬的，因此他必須想些話來安慰才行。

「那些該死的傢伙應該趕快被抓到，不然怎麼辦？」

「是啊。原想把握機會大賺一筆出來獨立，卻變成這麼慘。再怎麼說也擺脫不掉機電工八字的樣子！」

金代理苦笑一下之後，乾完一杯燒酒。然後用不再那麼沉重的聲音說。

「沒辦法，只能黏住叔叔向他伸手。難道會裝做不知姪子陷入困境不成？」

「對、對啊！」

千東基課長感覺到後腦一陣涼意。而且突然發現，自己從必須給予安慰的立場，跌到必須接受安慰的處境。沒

◎ 對千東基貴戶的生涯規劃第三次監控結果。

● 監控期間：2009年1月起至2010年12月止。

● 現金資產變動明細如下。

1. 相互儲蓄銀行定存：28.8萬元（增加）

    --> 殷實理財每月構成的多餘資金15,000元繼續重覆再加
    入一年制（利息金額替代為生活費的上升）

2. 變額環球保險：43.2萬元（增加）

3. 課長升遷給薪加給：24萬元（增加）

4. 夫人同時工作收入：60萬元（增加）

    --> 1,200元（一天）× 25天（一個月平均上班日數）
    × 20個月（從2009年5月開始）

5. 夫人和丈母娘零用錢：18萬元（減少）

    --> 夫人零用錢6萬元（3,000元 × 20個月）＋ 丈母娘零
    用錢12萬元（6,000元 × 20個月/子女保育費支出）

6. 幼稚園費：15.6萬元（減少）

    --> 6,500萬元×24個月

7. 教育費：5.2萬元（減少）

8. REITs投資失敗：30萬元（減少）

● 貴戶的現金資產共增加87.2萬元。

● 貴戶和子女部份的醫院治療費由保險處理，直接負擔費
用因屬小額，故不予計算，在此敬告。

錯。對全部財產不翼而飛的金代理，有牢靠的守護天使會搭救他。但是失去30萬元的千課長，連暫時相依相偎的靠山都沒有。

三年前就已經知道的事，到現在重新體悟，厭惡自己的愚鈍，千課長乾了一杯。厭惡自己沒有一個角落可依靠的處境，又乾了一杯。乾了又乾仍然神智清醒，沒輒之下最後乾脆……將燒酒灌到深不見底的喉嚨裡。

苦到極點，到要發瘋的地步。

過了子夜的病房內很安靜。不，整個醫院都很寂寞。千東基課長在像月光一樣隱晦的照明下，靜靜地凝視睡著的孩子和太太。昨天太太也是這樣子，將頭靠在孩子睡覺的床腰側，勉強忍受不舒服的睡眠。

千課長眼神輕移安撫不知是因為照明的關係，看起來睡得無限安祥的母子。他現在的心情只想以微微痠疼的呼吸聲當作伴奏，低聲吟唱遲來的搖籃曲。但是不能把他們叫醒唱，所以只在心裡哼著歌曲。

像這樣哼著歌曲，心裡漸漸感到溫暖起來，是因為這股感覺的關係嗎？千課長太過厭惡而想以酒遺忘的自身處境，變得稍微經受得住了。在經受得住的處境下再次凝視太太和

孩子，開始看出稍早之前沒有看到的東西。那正是庇佑自己的守護天使，而且不論何時都能相依相偎的靠山。

因為意外生病，將爸爸從失去所有財產的危機解救出來的小真！在不斷犯錯的先生身旁，堅強守著太太本份的秋薔薇！

他們的的確確就是千課長自己發牢騷說沒有的守護天使和相依偎的靠山。

千課長從背在肩上的包包裡，拿出存摺和證書和房契。然後將這些東西放入太太掛在衣架的外套內層口袋。不烤來吃，也不煮來吃，將來和太太又可以繼續一起生活了。重獲新生的心情。

在這樣的心情下，不一會兒後開始有些什麼在作祟。肚子劇痛起來了。千課長走出病房進到化妝室。嗯嗯！一屁股坐到馬桶上就下腹用力，但不知是否因為喝了酒，便便沒有輕易解出，肚子痛，卻又大不出來狼狽不堪。

這樣大不出來，幾人能夠受得了？肚子死命地用力使得身體發熱，無法大號的肚子繼續作痛，因此而變得神經質起來。在全身發熱痛苦之中，千課長開始陷入像是自己也變成一團大便的氛圍裡。

可能也因為酒氣衝頭的氣氛之下，全身受到熱氣，酒

氣又更加發威，而此一氣氛發展成錯覺，千課長看到自己是一團巨大的大便坐在馬桶的模樣。剛拉出來熱騰騰的東西，味道也十足的臭氣沖天。

千東基課長，不、巨大的便便想了一會兒要怎麼從自己底下的窄洞口出來，然後就流出水了，而且也十分神奇地，從窄洞徐徐流出東西。那是巨大的便便，不、是千課長從剛才在心底一直作祟的什麼。

千東基課長將作祟的那個什麼使勁地排到外面。那個東西在身體逆流從上面朝下面，熱呼呼地、濕漉漉地、順利地排下來。嘩啦啦！劇痛的肚子稍微解除了點，全身發熱痛苦的氛圍也消失了。同時千課長的心情也多少變得舒服起來。

正因排出太多，眼睛不再發腫使得前面都看不清，沒有別的不滿之處或是礙路死巷。雖然費了一番力氣，但絕對是非常有益又具價值的排泄。因此千東基課長終於露出笑容。整夜笑了又笑……

三十年歲月今昔相照

期待已久孩子的入學式！

小真終於成為國小學生的日子。也是千束基課長和秋薔薇女士成為學生家長的日子。在這樣歷史性而感動的日子，千課長對於不能去女兒入學的學校，必須移動腳步去公司，覺得非常可惜而遺憾。因此在公司只要有空，就會打電話給太太要她轉播入學式的實況。

現在是在教室還是操場，入學式是否開始了，小真的班級導師是女老師還是男老師，一起唸書的孩子有多少人，比小真個頭大的孩子多還是少，參加的學生家長中是否也有爸爸，校長先生的祝辭是否很冗長無聊，教室明亮還是陰暗，入學式幾點結束等等，濫問一堆細碎的問題，

讓太太的耳朵和嘴巴累死了。

不管太太累不累還是生不生氣，千東基課長熱切地隨時打電話來。同時腦海裡浮現流著鼻水的孩子們，胸前別著白色手帕站在整齊的學校操場的場面。從現在回溯到整整三十年前，自己參加入學式時的模樣。

原本坐落在深山邊上的大麥村，必須沿著溪谷的路走二十分才來到窯子大的村莊，位在那裡巴掌大的小學，做為生平第一個母校參加入學式的那天，尚不懂事的千東基課長正在玩耍，卻被爸爸抓個正著拖去學校。

在那個學生父母的人數比入學生人數多的入學式場合，爸爸向一直瞟著後面的自己做手勢說別回頭看要看前面的模樣，千課長仍歷歷在目。跟別人說到這段話時，不少人覺得很神奇，這種事都還記得，但是在千課長的立場看來反而覺得記不得才是奇怪。

那是個沒有惹禍的事、沒有害人的事、沒有被詐欺的事，也沒有趾高氣揚的事，更看不到光明的事的地方。

一年三百六十五天一直流動，塞住的話就積水，積水超過了的話又再流動著，對我這個生下來就住在山裡的小鬼，小學入學當然是個開天闢地般的重大事件。因此怎麼忘得掉？

從那之後三十年的歲月流逝，自己的孩子要入學的日子，擔心做為主角的女兒心情不知如何？會是從小幼稚園換個等級，學校場所變大幼稚園這般的感覺嗎？

　　千課長也不是要代替孩子進去學校，也不是要幫忙唸書做作業，卻變成好像和自己有關的入學式一樣，亂七八糟的心情不知如何是好。同時猜測在三十年前的入學式場做著手勢的爸爸，不也是和自己一樣的心情嗎。

　　在這當中一件遺忘許久的記憶忽然擊中頭部。入學式的那天，爸爸下午去很遠的城鎮，到了天黑才回家。那時爸爸懷裡抱了厚厚一袋，那裡面裝滿了圓圓鼓鼓長得醜醜的麵包。

　　那時第一次知道，這個吃的東西叫做芝麻麵包。世上竟然存在著沙沙的又軟軟的像糖一樣，在嘴裡入口即化的麵包。叫做麵包的東西不是乾糧就只有燒餅的當時，對千課長而言，芝麻麵包的出現又成為開天闢地的大事件。

　　可是為什麼忘了這事呢？結果是不知怎麼地那天是有兩次開天闢地的歷史性感動日子。

　　隔了三十年的時差展開的歷史性感動的入學式和入學式之間，千東基代理沉浸在芝麻麵包的回憶裡，吞了好一會兒口水。這樣嚥滿口水而肚子都鼓飽的他，在下班路上進去高課長的烘焙坊。

「還有其他很多好吃的麵包，為什麼是快樂的芝麻麵包？」

「這中間，有開天闢地的味道。嘻嘻……」

將錢付給一臉訝異的高課長之後，千課長立刻離開烘焙坊。只有我才有的秘密。他看著裝在袋裡的芝麻麵包，滿意地笑著。給剛上小學的女兒吃這個，一邊告訴她三十年前小學生的爸爸所經歷的，沙沙的又軟軟的入口即化的感動，光想像那個樣子心裡就歡喜不已。

像糖一樣甜蜜的下班之路。孩子歡喜迎接拿著一袋芝麻麵包的千課長。但正確來說，孩子迎接的是自己的爸爸。孩子打開袋子的表情，不是心裡歡喜不已的笑臉，而是美夢破滅的沈默。

看著將芝麻麵包放在前面一副意興闌珊的孩子，千課長止不住惆悵的心理、寂寞的氣氛。對啊，是有落差的，三十年都過了。在這段時間似乎芝麻麵包評價下降，落得比他當時在山村吃的乾糧或燒餅還不如的水準。嘖嘖，只有我不知道吧。不是，是裝做不知道吧。

千東基課長裝做不知、裝做不惆悵、裝做不寂寞地吃晚飯。然後吃完飯便馬上打電話回老家。

「爸爸，是我。」

「怎麼突然打電話來？發生什麼事嗎？」

「不是，只是想到也好久沒有打電話回家……。」

千課長斷了話尾。健康話題、農忙話題、職場話題、孩子入學式話題，一下子就會超過通話時間，想到爸爸老是擔心電話費太高所以想要掛掉電話的剎那，千課長提起芝麻麵包的事。

「你現在還沒忘記啊？」

爸爸也記得那天的樣子。就這樣父子開始氣氛融洽地啃食著圓圓鼓鼓長得難看的麵包話題。還是顧忌著電話費負擔，最後一塊也沒有時間品嚐了，就從嘴裡抖落出來。

「可是小眞對芝麻麵包卻不這麼看。」

「最近孩子吃的東西琳瑯滿目，怎麼不會呢。換給小眞聽！」

千東基課長將話筒拿給在旁邊專心傾聽注視的孩子。那之後爺爺和孫女之間來回的對話內容也是芝麻麵包。做爸爸的我都失敗了，要怎麼向孩子推銷呢？就算孩子順從地接受麵包，您用筷子，孩子卻用叉子的相對立場……幾乎註定要失敗。

在這幾乎註定的循環裡，孩子重覆著「對，對，對，不是」的回答，某一瞬間吐出類似「哇！好啊」的呼聲，

對在旁邊傾聽表情詫異的千課長，做出高興死了的表情。這是失敗嗎？

「爸爸！爺爺啊，說要給我們柿餅。」

孩子一掛上電話就向爸爸報告和爺爺交談對話中的核心內容。然後又跑進廚房，也向正在收拾清理的媽媽做相同的報告。看著女兒的樣子，千課長有點目瞪口呆。

哪裡猜得到，原本認為是在推銷麵包和拿出筷子的鄉下老人，藏有足以誘惑「吃的東西琳瑯滿目」的都市小孩的秘藏珍品？

柿餅。這比老虎還可怕的自然產果實一推出，一次就抓住孫女的心，想到這老人家，千課長心裡真是五體投地。

從芝麻麵包一下跳到柿餅，對爸爸的超能力，千課長獻上投降文書。唉，我輸了。就只有身體長大而已，自己的心跟以前一樣，沒有擺脫掉三十年前鼻涕小鬼的水準。太太走到這樣想的千課長身邊坐下來說。

「去年辣椒收成不錯，辣椒醬也做了很多吧？媽媽做辣椒醬的手藝真是一流的。」

已經在心裡看到太太打開鄉下辣椒醬罈子在品嚐的樣子，千課長嘖嘖咋舌。已經退化到三十年前鼻涕小鬼水準

的他，絕不會品嚐柿餅送上來時附送的辣椒醬之類的。

千課長腦袋裡裝的東西和自己坐在身邊的女兒腦裡裝的東西一模一樣。這麼一來吃完晚飯後就開始咕嘟咕嘟吞嚥口水，他們父女的肚子像是現在才開始心滿意足起來。

同學留下的珍貴禮物

「不久前才聽說今年春天升為次長的事。應該要常聯絡才是，不然就會像這樣子。雖然有點晚，還是恭喜你高升！」

各自忙碌過活，因為產生種種藉口，那些藉口像墳墓一樣，同學間的聚會也都埋沒於雜草叢生的位置裡了。見面次數逐次減少，從去年年底舉辦忘年會後，一次也沒聚過了，所以對彼此的平安與否和消息都不知情。在這漩渦中，同學中的某人不知怎麼知道的，遲來賀電致意。

千東基課長冠上次長職稱不知不覺已經過了八個月了。

和在南部桃花遍開的花信一起吹來的次長升遷消息，將他的生活移往更明亮而溫暖的位置。

稱呼從千課長改成千次長起，首先心情變得滿足而溫

暖。但肩上也變得要擔負更大的責任和義務。先生升為次長，因此聽到嫂夫人的機會變得更多，看到太太開心的臉也是高興的事。

但是太太並不因嫂夫人的稱呼，就要拚命丟掉百貨公司的職位而迷醉，千次長內心又是感謝又是抱歉。太太挺身辛苦的一起工作，對家計財政有不少的補助是事實。

其間由代理升到課長，由課長升到次長，產生的月薪加給和太太每月賺回的錢，合計已經超過70萬元的現金盈餘額，每月給予家計財政很多幫助。其中20％左右做為女兒的教育費和家庭的文化體育費，剩下的盈餘資金做定存、股票投資、用做保險，到處觀望研究也想了很多。然後在半年前起開始了海外基金。

海外基金如字面，是將資金投資在海外，進而獲得收益的間接投資商品。舉例來說，如果是叫美國基金的話，是指投資在美國的股票或債券等其他資產的基金。在國家間資本和勞動力障壁消失的時代，國內市場狹小，只要能賺錢哪裡都好的口號赤裸裸實踐在資本市場，正是海外基金市場。

當然什麼投資當中，都會伴隨損失的危機法則，所以在投資前也必須仔細準備。說得加油添醋一點，像夜空的星星一樣多的基金商品的收益率要一一地比較，海外基金

的國家別、地域別等經濟狀況要考慮，營運者各自商品購買和贖回的手續費也要計算才行。

千東基次長會這樣把眼神轉到海外基金，是因為不到兩年的生涯規劃的財政目標，非得具體地抓在手裡的關係。其間將請約賦金轉換成請約預金（將一定金額一次預置為固定存款，經過一定期間即發生民營住宅請約資格。），孜孜不倦等待機會的時候，終於抽中現在居住的區域不遠處快蓋好的公寓的新規分讓。

分讓價定為1,100萬的33坪公寓。剛好抽中的分讓在價格或時機，所有方面都很好運，。

因此千次長開始東奔西走，尋找投資收益率再高一點的投資，在這過程中決定了海外基金投資。

但是他下了決定，並不是就能將資金馬上轉到海外基金。說服太太秋薔薇並不是容易的事。

「老公，又要這樣做嗎？」

「不、不是，聽我說一下！」

之前因為錢的問題，引起不少爭執的前科還歷歷在目，千次長取得太太同意足足花了一個月的時間。持續不懈地堅持和死命地糾纏、拔河之下，他每月可以有1.5萬元的資金繳納海外資金商品。

那之後到現在為止都沒看到什麼很有意思的基金商品，但是根據相關資料分析，他並未放棄不久後可以獲得巨大收益的期待。但不會生出預想不到變數的話語，雖然是後來覺悟的事實，不過已經是在基金市場外之後了。

　　「可是世萬怎麼會變成這樣？」

　　在道賀祝辭和問安招呼交換之間，從同學口裡流出的異常消息。

　　「你說什麼？世萬到底怎麼了？」

　　「你不知道嗎？想說順便問一下問世萬的事，才打電話給你？」

　　千東基次長已經有一年又四個月沒見過許世萬了。去年年底聚會時他沒有現身，想說不知怎麼回事，但是沒有特意打電話找他。到現在為止的碰面大概都是許世萬以某種理由，將千次長叫去而見面的，和自發性地由自己這邊取得聯絡的情形，屈指可數的水準令人不安。

　　不管是內疚自慚還是食之無味，只要一見面心裡都感到自討沒趣的事，如今覺得沒有再聯絡的理由。因此搭公車經過許世萬賣場所在的公寓地段商街前面時，也沒下決心想說要下車。這樣心存芥蒂來往的許世萬發生了什麼

◎ 對千東基貴戶的生涯規劃第四次監控結果。

● 監控期間：2011年1月起至2012年12月止。

● 現金資產變動明細如下：

1. 相互儲蓄銀行定存：28.8萬元（增加）

2. 變額環球保險：43.2萬元（增加）

3. 課長升遷給薪加給：14萬元（增加）

   --> 1萬元（給薪加給15,000元的70%） × 14個月（到2012年2月止）

4. 次長升遷給薪加給：9萬元（增加）

   --> 每月儲蓄9,000元（2012年3月起次長升遷，隨著次長升遷的給薪加給12,000元中的70%儲蓄，剩下的30%支出為主管交際費）

5. 夫人同時工作收入：72萬元（增加）

   --> 1,200元（一天） × 25天（一個月平均上班日數） × 24個月

6. 夫人和丈母娘零用錢：22.8萬元（減少）

   --> 夫人零用錢8.4萬元（3,500元 × 24個月） ＋ 丈母娘零用錢14.4萬元（6,000元 × 24個月/子女保育費支出）

7. 子女教育費：9.6萬元（減少）

   --> 每月支出4,000元（國語老師和美術班學費）

● 貴戶的現金資產共增加：134.6萬元。

事？

「聽說世萬現在住院。聽起來好像狀況很不好的樣子……」

「不好？哪裡多麼不好？」

「這我也不知道。只是聽人家隨口說的。想說反而是你的話，應該知道得比較詳細，眞是的！」

「那是聽誰說的？」

千東基次長打電話給傳出許世萬住院消息的同學。得到的事實是那位同學也是從學長聽來許世萬的事，那位學長去醫院接受綜合健檢，偶然間碰到穿著病人服的許世萬，同時問說臉色看來非常憔悴的原因，許世萬沒有回答只是笑了等等。這就是聽說的全部精髓了。

適當的遲鈍，讓歲月的灰塵在所有人的心頭蓋了厚厚一層。千東基次長以拂去灰塵的心情，試圖在隔了一年又四個月後和許世萬接上線。但是電話不通，耳朵只聽到沒有回應請再次確認後再撥的語音訊息。所以直接到學長碰到許世萬的醫院找人。

下班路上去醫院的千次長，找許世萬並沒有花很長的時間。在詢問服務台住院病人名字時，發現許世萬的太太從病房走廊走出來。

許世萬的太太一段時間沒見，臉色暗沉而且瘦了一圈。讓人懷疑是否實際上是太太生病，以訛傳訛變成許世萬生病。

　　她看到千次長，露出燭光般微弱的笑。對於千課長問及先生的狀態，她以無力輕淡的語調回答。

　　「是胃癌末期……」

　　千東基次長感到自己踏著的地板好像在搖晃。後頸也僵直了。幾乎將近一年半斷絕消息來往也不可惜的關係，見面也只會製造令人不快枯燥氣氛的朋友，但尖銳的衝擊力還是將他上下掃了一遍，因此必須閉上眼睛站一會兒才行。

　　「來醫院時已經三期了。那時是春天，已經是八個月前的事了。這段期間什麼治療都試了。也動過手術，昂貴的抗癌治療也全試過了……都沒用。現在癌細胞轉移到別的部位，已經是束手無策的狀態了。所以打算大約明天或後天想要出院……」

　　平靜的聲音搔著千次長的耳朵。像夢一樣的聲音。無法相信的聲音。但是睜眼一看，似乎淚水已經流乾的臉孔清楚寫著「這是事實」。他對著這張臉孔想要說些什麼安慰的話，卻抓不著頭緒。反而是看來平靜的許世萬的太太

好像想要安慰他。

在此氣氛之下，千東基次長默默尾隨許世萬的太太。她打開的病房門，裡頭躺著和木乃伊一樣的許世萬。凹下的眼睛突出的顴骨，這根本不是千次長認識的許世萬的臉。

真是刺傷人心，豪放的樣子不知哪裡去了。好像只有軀殼還在的身體裡，迎接久未關心的朋友的探病。纏縛的軀殼慢慢睜開眼睛。然後暫時傳來無法了解的眼神。

「你來了啊……別這樣站著，坐下吧。」

即使氣力衰弱，但說話看起來還不是很費力。千東基次長一坐下來，就抓起許世萬的手。從骨頭上只包了皮一樣瘦削的手感到微溫的體溫。不知是否想要溫熱朋友的手，千次長另一手也過來包住。

「對不起。應該再更早一點過來的……」

「說什麼，我也沒有通知你。怎麼知道我在這裡的？」

千東基次長說從學長聽來的。同時剪掉同學們的那段，無情朋友的作為在這裡說出不太好。但許世萬點著頭表示這樣子嗎的意思，他看起來比羽毛還輕的點頭，不知怎地看起來好像在說我全都知道。

然後一陣語塞的沉默，在安慰的話或是開玩笑的話之

間，想著應該說什麼話才好要開口的瞬間，許世萬對自己的太太說出去透一下風再進來。看起來想要和來探病的朋友說要緊話的樣子。

將太太送到外面之後，許世萬開始慢慢說出最近兩年期間，自己和太太經歷的一連串事件。他的故事包含他自己罹患重病的難過遺憾。像是對於過去的日子感到悔恨，也像是了咒罵自己所剩不多的生命，所說的內容大致如下。

開店以來，許世萬的賣場在公寓地段裡幾乎穩據獨占性的地位，因此狂言毫不羨慕稍有點錢的財主。生意好，利潤佳，一句話來說，可以說是一隻會生金蛋的雞母吧？

可是就從去年春天起，許世萬的賣場開始籠罩黑影。徒步不到五分鐘的距離開了一間規模更大的大型折扣賣場。在折扣賣場開店的同時，像黑洞一樣把住在附近所有公寓地段的居民拉進去了。

人們移向可以大幅選擇便宜又新鮮的物品之處，所以沒有妙計可以留得住客人。曾經人潮擁擠的賣場現在只有蒼蠅嗡嗡，為了挽回像這樣艱難的狀況，許世萬使用的販賣戰略正是低價攻勢，正面開火向大型折扣賣場對抗。

還好來賣場的人數看起來有稍微回復的跡象，但是也

無法久撐。因為在價格面沒有很大差異的話，選擇較大規模的那邊是人們一般的消費性向。

沒有辦法只好決定再將價格降低一點，這樣一來只能不折不扣變成賠本賣的狀況。來的人愈增加，賣場愈擁擠，損失就愈大的流血販賣不能長久。在毫無辦法處於劣勢的狀態下，不能不抽出最壞的牌。

當然一天一天的損失幾乎就在眼前的局面，是無計可施而選擇了的決定，但以雞蛋去打石頭，縱然打得破石頭，也要確認有足夠的雞蛋才可以。

但是養雞場的主人不可能平白供給雞蛋，所以需要錢。打破石頭要買很多雞蛋，錢的話身邊還有一點。但剩下的依長久以來的習慣到處揮霍掉了，也不可能拿來運用。

不過還是有錢人家的子弟，向父母伸手的話不就成了，雖然這樣想，但當時依家裡情況看來是不可能的事。因為在屢次事業失敗的哥哥身上，家裡已經將所有財產都耗盡了。45坪大的公寓雖然還在，但是賣掉去打沒有把握的戰爭，許世萬不是那麼沒有現實感或衝動的人物。

結果半年期間的戰爭劃下終止符，他處理掉賣場。戰爭的代價是慘烈的，還掉之前累積的債務，手中所剩的錢勉強只能買間小店鋪。拿著那些錢，他能做的事不多。在

不多的事當中，選擇的正是暴飲。

　　為了喚醒醉生夢死的許世萬，太太費盡心力。而終於費力有了代價，縮減為公寓坪數準備的錢，看好店面位置。在這時，許世萬倒下來了，要買店面的錢全部用到治療費了。

　　這還不夠，剩下的公寓坪數也慢慢侵蝕，即使活著也不是活著的時間，和疾病對抗的許世萬和其家人被壓得喘不過氣來。

　　在像是悔恨又像咒罵的話尾，對長久失聯好不容易見面的朋友，接著掏出和遺言一樣悲痛的感懷。

　　「以前只重外表過日子的歲月，我知道到現在後悔也沒用了。但是還有一件讓我後悔得快發瘋的事。因、因為這樣，我死也不瞑目的……沒有保那常有的癌症保險，也不是平白無故要花多貴的錢，什麼都沒保的罪又造成這亂局，我自己都恨死了。我死了沒什麼關係，但是想到好端端的妻兒將來……沒有留一間像樣的房子，全部花用掉的傢伙是什麼家長？不是嗎，東基？」

　　千東基次長像吸進胡椒粉一樣，鼻子辣辣的。辣味從眼睛擠出來，變成幾滴眼淚流下來，似乎反過頭來要安慰

自己的樣子，於是許世萬用剩下的一手拍拍他的手背。

　　緊緊抓住許世萬拍撫的手，看到不知是否因為和病魔對抗，許世萬的頭髮似乎掉了很多。注視朋友變得有點稀稀疏疏的頭，千次長自己心底糾纏的頭髮感覺也像那一樣除掉了。更甚至枯燥不快的事也變得不曾經歷過的樣子。

　　探視完許世萬回家的路上，千東基次長想了許多。這些想法和至今為止的想法大不相同，是和到死為止也要深思熟慮的真心反省或覺悟相同的東西。

　　十年後，再十年後，然後再十年後，都會像現在一樣繼續生活的錯覺，或者傲慢地相信一定如此，所以放蕩不忌或是相反地清心寡慾？如果想像不是十年後而是現在當場就可能倒下來死掉的話，對於生活的態度會有多麼真心和誠實！對家人的態度又會變得多麼依戀而實在！

　　因此現在這一瞬間，對千東基次長而言就是老年和老後。這已充份構成理由，一定要從現在開始即時真心誠實地實在生活。所以他那天晚上下定決心，和太太討論然後終於決定了兩件事。

　　一件是將金融資產運用的主軸，由不確定而冒險的一邊，移到比較確實而安全的方向。因此擇定的事是贖回現在正在繳納的海外基金，用那筆資金來強化兼具保障、儲蓄、投資和老人年金，全部都能得到保障的變額環球保險

219

部份。

而另一件是瀏覽網路，加入馬拉松同好會的事。健康要在健康時顧好才是，不健康時假使要再找回健康，也必定會造成精神上、物質上相當的負擔，這是從許世萬學到的新體悟。

千東基次長立刻以行動來實踐這些決定。海外基金的部份，規定上申請贖回必須要過十天，扣掉若干的手續費再退回這中間繳納的錢。不過真的十分幸運的是，在把錢領回不久後，美元開始急轉直下，他加入的海外基金是投資在美元國家的資產商品，萬一這樣放著的話，隨著美元價值下滑，幾乎就得承受這些損失。

而加入馬拉松同好會則是在兩天內，參加在南山山角舉辦的閃電聚會認識的同好會夥伴。因為週末必須照顧孩子，不能參加定期訓練，所以透過網路和電話諮詢，在平日下班之後做個人訓練。

然後只要有空，感謝特意挪出時間的同好會會員或透過不定期的平日特訓，惡補不足的技術和資訊。而只要孩子去外婆家過週末時，便參加定期訓練，接受密集訓練。

跑在河堤或公園步道，還是沿著山或江環繞的道路上時，和千東基次長走路或搭車移動時看到的世界，完全不同的色彩世界在眼前展開。千次長像這樣面對新的世界

時，也宣告和他的朋友許世萬的世界道別。

　　千東基次長走路或是搭車或是跑步，一邊想起許世萬，同時深深感謝他教會自己死亡的意義。使自己覺悟到要更加珍視生命的朋友，追憶留下珍貴禮物的許世萬，所以要心情飽滿地誠實過每一天，認真地跑每一天。

半程馬拉松更寶貴

「晚餐好好慶祝，因為我會漂亮跑完全程回來！」

對開始運動才剛過四個月的雛雞馬拉松跑者的出征，千束基次長拋出了出師表。雖然不是以征伐什麼宏偉的重大建設為目標而挺身，但是綜合流汗奔跑的感想，想到腳底跑過的土地都是我的，會有股悲壯的覺悟。

本想著要征服悲壯的42.195公里全程，但是在周圍勸阻說不恰當的勢力太過猖獗之下，征討的土地長度減成對半。就這樣今天決心要跑21.0975公里的半程馬拉松，千束基次長和通知起跑的槍聲一起挺起身體向前出發。

「千兄！跑步時全身的頭部、頸部、肩膀必須挺直才行。胸朝上，屁股朝前，腳要用力踢，知道嗎？」

千次長照一個同好會會員教的正確跑步姿勢開跑。上半身向前傾的話，身體會因為承受重力而不能跑很久。此外肩膀要放開，手臂自然地揮動，膝蓋不要抬高，步幅不要抓得太大，腳著地時後腳跟先著地，視線從前方18公尺朝向20公尺等指示一一遵行。

　　天氣非常明亮清爽。沿江環繞的馬拉松路線像幅畫一樣，持續跑下去好像要到達天國的樣子。耀眼的春天挑戰。心裡放空似的解放感使得千次長全身酥麻地興奮起來。

　　「已經開始的事，是會深陷其中，或者又去做別的什麼也不一定呢。」

　　一聽到加入馬拉松同好會的事，高尙杜課長就吐槽。開始這話說得特別用力的高課長公佈自己也想要有什麼新的開始。

　　那個什麼正是加盟權。

　　「加盟權？」

　　「是啊。比分享成功的秘訣所增加的品牌力量，收穫更大更確實的成功果實戰略。」

　　高課長熟知成功秘訣的事實，千次長也印證過了。高課長的烘焙坊比初次接手當時的規模，至少變大三倍左

右。而且麵包師傅底下還有兩名助理師傅，一天製作販賣的麵包數量大增。

只從表面來看的話，是獨占店面帶來的效益，但更本質性的誘因正藏在高課長與眾不同的經營術中。高課長打算將其商品化，養大了再躍進一次的野心。

「將我們烘焙坊具備的長處集合放到市場的話，我想可以充份占有一席之地。不是像其他經銷權一樣從本社供給麵包的體制，而是打算做成可自體性製造和販賣麵包的結構。

自己的麵包技術、材料選定及販賣原則之類的，全部設定好提供。加上仔細和縝密的商圈分析都予以協助的話，聽來如何？

你會不會想要來參加看看呢？」

千東基次長點點頭。但不是將製品給人家而是傳授和製品相關的know-how的話，在傳授過程中一定有費用發生，這問題要怎麼處理是個疑問。對此疑問，高課長的反應只有一句話，怕蛆就醃不出醬。

高課長為了實行自己的經銷權構想，已經和麵包師傅談好了的協議。隨著傳授技術的代價，保障麵包師傅在加盟費和專利權稅有一定股份，從創出的收益結構裡使費用

負擔解除是高課長的腹案。

「再來就是加盟的規模要到達什麼程度的水準，也想要設立和加盟店共同研究、開發、傳授製做麵包的技術的學園。」

這就是高課長想要開始做的加盟計畫的大概。聽來相當不錯。如果不去實踐的話，就僅只於有概然性的小說，但是以認識至今高課長的個性來看，不久就會收到某種成果，千東基次長深信不疑。

高課長想要開始新的事業，和自己已經開始的馬拉松。千次長心想如果高課長成功的話，某種程度自居為他一手創出的自己，不也必須成功才對嗎。

千次長只有不過四個月的薄弱的跑步經歷就貪心要挑戰全程，因為周遭的挽留而改成半程，像這樣想成功的他受到很大的影響。

「對，跑完吧。要讓他看我也可以做出什麼來的」

潛浸在這想法邁進的21.0975公里的馬拉松路線，耀眼地給他窒息般酥麻的興奮。挑戰的第一個關口過得這般輕快。但是所謂興奮，事實上不正是使新陳代謝過度異常旺盛的催化劑嗎。因此從膝蓋不可抬高，步幅不要抓得太大的指示，開始出現有點脫軌的動作。

225

結果，跑在前面的跑者一下就被千次長拋在後頭，通常要經過一個小時通過才算正常的十公里區間，不過花了40分的周波。步調快也要快一會兒才是適當的紀錄。

　　但是初步者知道什麼？即使知道又能做什麼？千次長興奮起火熱燙的新陳代謝從鼻息噴出，一邊熱情的前進、再前進。

　　這樣再前進3公里吧？

　　就像在新婚的被子裡一樣熱燙的新陳代謝，突然一瓢冷水倒下來的感覺。在耀眼的窒息般酥麻的興奮中，耀眼一下子暗淡了。在此狀態再多跑一公里，再多淋一瓢冷水，這次酥麻感跑了。然後再多前進1公里時，終於連興奮也破滅，不折不扣只剩下快要窒息死掉的感覺。

　　腿力一直流失。不像是我的腳，心好像要裂開了，氣都滾沸到下頦處。正是步調調節失敗必須付出代價迫近的時刻了。抓得太大的步幅已經充分縮減的狀態，挺直的上半身也漸漸前傾。

　　心裡想要就這樣放棄。停下來嗎？嗯，停下來？好像明白讀到心意似的，跑著的雙腳敏捷地變換成快走的狀態。然後結果會變成拖著腳步走吧？走一走又一屁股坐下來說「呼呼，我要死了」舉起白旗吧？

千東基次長看著自己跑步走路的腳尖。

它馬上會開始拖著走，然後散蹚在道路上。神智變得不清，視線變得混濁。然後幾分鐘過後，眼睛才看到白色的底層層圍繞黑色和紅色繩子的馬拉松鞋。

「人們選鞋時大概都只看尺寸，所以不能選到穿來舒適又好活動的鞋。就像人的臉全都各有不同，腳的樣子也不一樣的。有寬板的腳的話，也會有窄的腳。有腳背高的腳的話，相反地也有低的腳。

而腳底中間拱起的腳弓部份有深的腳的話，也會有淺的腳，不對、也有沒有腳弓的平腳。除此之外，腳也有腳趾長或短的差異。充份研究這麼多樣的差異的狀態下選鞋，才能選到吻合自己腳的好鞋子！」

這是某個同好會會員說千東基次長看來有點平腳的感覺，直接幫他選馬拉松鞋時的指教。他指定的好鞋可說相當合腳、又速配。親自幫忙看自己的腳和鞋子合不合的同好會會員的臉浮現上來，千次長又有精神了。我這樣的話是不行的。再加上先向太太發出豪語了不是嗎。

千次長調理呼吸之後，從位子站起來再開始跑。像之前一樣吃力。不，比剛才更吃力。中間放棄又再做的作業，比做新的作業更討厭一樣，走一走再跑真的是非常痛

苦的事。

　　因此千次長試圖用大會前一天同好會的一個會員對他說，跑一跑若覺得吃力時運用起來很有效果的影像訓練法。在腦海裡浮起某一影像或話語，一邊跑步的方法。簡單地說就是將精神集中在其他別的東西上面，將吃力的想法從腦海裡趕出去的精神療法一樣。

　　千東基次長腦海裡浮起的是自己的馬拉松鞋。集中在白底層層圍繞黑色和紅色繩子的鞋上，他跑了又跑。在這期間，歐巴桑和歐吉桑、學生和老人都追過他跑到前頭去了。

　　但是他維持著步幅，以一定的速度繼續前進。他的眼前仍然鮮明浮現著馬拉松鞋。像這樣邊做影像訓練法邊跑步，實際上痛苦的感覺好像減少許多。真是神奇。真的後悔之前做的事了。

　　不知不覺21.0975路程的終點就在眼前了。

　　千次長開始使出全力。碰碰恰恰！眼前浮現的馬拉松鞋也開始跑了。碰恰碰恰！再一點點，再一點點。在這樣的想法中賦予加速度的身體和終點之間剩下一百公尺左右的距離時，千東基課長耳裡傳來非常熟悉的聲音。

　　「哇，是爸爸！爸爸，跑快點，快！」

「老公，用力。加油！」

「女婿，用力啊！」

這個時間應該正在百貨公司工作的太太和孩子和丈母娘一起來為千東基次長加油。千次長面對沒預料到會出現的家人覺得驚惶，同時又感到一陣鼻酸的感動。鼻頭一皺淚水溜溜轉著。眼前的馬拉松鞋也在抽泣。

終於千東基次長通過半程路線的最後終點，以2小時15分32秒的紀錄衝斷綵帶。如同跟太太約定一樣漂亮地成功跑完的一刻。又或是獲得晚餐舉杯慶祝資格的一刻。

在僅曝光四個月的馬拉松小雞的脖子掛上獎牌時，拍手歡呼的祝賀中，除了太太、女兒和丈母娘，又參雜了參加這次大會的同好會會員和前來加油的夥伴。

心裡很感動。雖然競走結束了，但仍然掛在眼前的馬拉松鞋也很感動。不論如何總是做出什麼了。讓人看看我做得到。因為在21.0975公里的半程路線中流出的汗而浸濕的腋下、胯下、背、手和腳底，散發出濃厚的成就感的味道。

那股味道也從馬拉松鞋中毫無遺漏地散發出來，刺激著千東基次長的鼻子。同時刺激他的靈感。已經開始的事，是會深陷其中，還是又去做別的什麼也不一定呢。高

課長說的這話，似乎不是在跑完半程路線蓋上結清圖章就交出去的案子，而應是為了要完成更為充份的資料調查和報告書，所作的必要準備。

千東基次長回溯五年前，輕率地亂衝而失敗的第二工作。之後埋沒在忙碌的生活而忘得一乾二淨似的，那火苗在四十二歲的他的心中又開始燃起。現在的他和五年前不同，仔細慎重地接近的話，真的又去做別的什麼能成功的事也不一定呢。那個什麼是處理馬拉松鞋的商店。當然這不是短期間可以決定的事，必須要有幾年左右的長時間做企劃書。雖然說這次是可行的……

但是沒有擔心的必要。不、是不用擔心。因為現在只是通過半程路線，對他還有剩下一半的路程要跑。驗證一撮成功碎渣的小雞。開始是成功的一半，現在等於已經是中雞了。因此到了變成全力驗證成功的大雞的那天，一定要用力跑跑看。

咕咕咕！加油！

波濤萬丈的理財十年

癩蛤蟆，癩蛤蟆，給你舊家變新家。

小時候，把手埋在沙堆裡，用另一隻手拍著沙子，一邊蓋癩蛤蟆家一邊愛唱的歌。那時一下子很容易就蓋好房子給癩蛤蟆了，實際上長大之後要蓋自己的房子卻不是遊戲，想到就很吃力了。

人住的房子和癩蛤蟆住的房子不同，就算給舊家也要不少錢才行。因此千東基次長這段時間，升到課長又再升到次長，產生的升遷加給儲蓄額之外，再加上太太同時工作所賺的錢，還有變額環球保險裡沒多少的錢都中途領出來了。這樣還差300萬元，必須使用抵押貸款才行。

付了契約金，繳了頭期款，現在賣掉舊家付完餘款的話，就結束了。這樣33坪的新公寓就到手了。到這裡都

很不錯。問題是像換新衣服一樣，在搬進新家之前必須脫掉的舊衣服，不、舊家最後的扣子要解開卻扭成一團的事實。

三個月前推出的房子至今尚未找到新主人。推出的頭一個月都還有人來看房子。看過415萬元的18坪公寓的人，大致的反應都是房子看起來太老舊了。蓋好都過十五年了，當然看起來會舊。

因此和別的地方比起來，以不是很硬的平均價推出的千次長家，有點老舊的公寓被嫌說這裡怎樣那裡又怎樣，忠實執行讓人品頭論足的樣品屋角色。

可以看看嗎？唉喲，太舊了。不買！像這樣沒有營養的樣品屋角色，快讓人火冒三丈時，讓人捨不得的這個角色的悲慘事件發生了。房子著火了。當然火是從位於樣品屋隔壁、的隔壁、的隔壁、的下面、的下面、的下面、的下面鄰居著起來了。

但是「電器配線老舊以致產生漏電而引發火災」的電視新聞報導出來以後，公寓裡的所有住戶對火魔燒毀的傷痛感同身受，只得發揮深厚的鄰居愛了。

像這樣敦睦的氣氛下，千東基次長的房子也不能隨便了事，那天當場就拆下樣品屋的看板了。阻絕觀屋者的腳

步的第二天，想說我們把房子推出對嗎，打電話給不動產仲介所確認時，只得再不勝其煩地聽他重覆火魔燒毀的傷處。然後附贈的新意見是將買賣價再降一點的建議。

新公寓交屋的日子還剩不到一個半月，千次長和太太埋頭深思之下，決定聽從不動產仲介所的建議。因此從415萬元減掉15萬元，掛出新的價格表。

但是要用折扣15萬元左右的價格表來遮掩火魔的傷害，感覺還是同樣費力。這樣又花了十天時間，從不動產仲介所得到的二次建議是，更震撼的折扣是有必要的。

在討論要降多少才夠震撼的過程中，對方冒出再減15萬元的話。和第一次的加起來降了30萬元！

千東基次長根本沒有辦法知道，那是怎樣經過心理上、不動產上的算術過程而提出的金額。

因此理所當然對30萬元這話的反應是直接拒絕。有房子又不是什麼慈善事業，這樣遭受損失還不如不賣，不賣了！就在這裡一直住下去，變成舊家的鬼……

太太也對減掉30萬元表明感到很難負擔得起的立場。但是新公寓交屋的事不知不覺往前靠近一個月了，就算幸運地房子賣出了，也沒把握能如期支付尾款，最後可能變成延遲交屋的事態。

延遲交屋？不可以這樣子。太太認為，交屋無異於是對過去十年歲月期間心甘情願辛苦和努力的報償，絕不可以把它從眼前往後推遲。交屋的事一定要遵守，就算放棄30萬元也在所不惜。

　　但是要安撫氣得跳腳的千次長不是容易的事，而說服的話更是不容易。說服的時間半個月過去了，宛如氣憤和固執的化身的千次長結果還是屈服了。他被說服並非因為太太的執拗攻勢，而是因為對交屋的事往前迫近不到半個月的壓迫感。

　　30萬元大降價政策開始發揮藥效了。腳步阻絕的觀屋客又再次上門了。雖說便宜的是爛豆腐，但不像樣的爛豆腐味在超級便宜這招得到補足，因此鼻子一翕一合，口袋翻了又找也是當然的事了。

　　重起爐灶也得搭上交屋日的想法，緊抓了危在旦夕的希望，重新開張樣品。但不知是否樣品屋只是樣品屋，屋主從喃喃自語「喔，好便宜」和「會再跟你聯絡」的觀屋者中，沒有得到任何聯絡。

　　一個禮拜過去了，十天過去了，半個月都到了，事情還是一樣。參觀和購買之間，人們事前或事後得知的火災消息和大降價握在雙手，估量了好一會兒，選擇的是斷絕

聯絡。

火魔留下的傷痕就算減掉30萬元也無法治癒一樣，負傷既深又重。因此樣品屋主陷入過度的自愧感裡，想將無味又燒到焦黑的爛豆腐用拍賣價處理掉。

而迫近的交屋第一天，爲了事情進展順利，奔走好一會兒的時刻，千東基次長以平靜的表情和聲音開口了。

「今天申請租賃！」

超過延遲交屋的程度，千次長舉旗投降表示，將新家租賃出去，回到舊家住。不這樣做，已危殆萬分的希望也是會幻滅的。走出門時，感冒無力的太太擤鼻子的聲音飛來黏附在千次長的耳垂。

苦味的、憂鬱的、疲倦的、怒氣紛紛衝上來的時間漸漸流逝過去。然後剛好交屋日的第五天，千東基次長得到太太發來的意外訊息。

「終於房子要賣出去了。三天前來看房子的人說要定契約。」

就像在正規播放的節目中看到跑馬燈字幕打出緊急快報一樣，千東基次長心中啪嗒起了風。房子終於賣出去了，要搬去新家了。千次長打電話回家，這當中跑去不動

產嗎？太太沒接電話。

千東基次長說要租賃新家的那天，太太沒有聯絡不動產，而是在網路放上房子便宜急賣推出的廣告。太太用這個方法表現自己無法放棄交屋的意志。

第二天傍晚，看到在網路上登的廣告，一對年輕夫婦找上門。正是三天前的事。偕同胖呼呼鼓起長得像癩蛤蟆的先生，仔細觀察大房和小房，還有陽台和化妝室和廚房流理台等等的年輕女子的臉，在千次長眼前忽隱忽現。

即使長相模糊，說要賣而過去三個月期間造成種種混亂還賣不掉的舊家，真的是讓人感激到淚水都要流出來。因此真心祈求把自己一家空出的舊家當做新家的癩蛤蟆夫婦，一定要過得很幸福。

然後千次長開始在腦海裡描繪和太太孩子一起搬到新家整頓的生活。但是想像不出來，就像曝在亮光下的相紙一樣，腦海裡的影像都褪成白色了。

又不是住在什麼天國裡，嘖！千次長只能怪自己貧乏的想像力。但是貧乏也不錯，以此心情他要去炫耀了。選好的第一個對象是高尚杜課長。抱著想要從內心奉為師父的人得到肯定的心情。

下班路上進去的烘焙坊裡卻沒碰到高課長，加盟權事

業開始後忙得精疲力盡的樣子。所以千次長炫耀的機會必須延到下次。

不過那個成功人士會說什麼話不聽也知道，想必一定會說要準備好為了「老後保障」的前哨基地。那麼現在住的房子不就算是為了掌握老後保障的前哨基地，而擺在眼前的突擊基地？嘻嘻嘻！

千東基次長走出烘焙坊，有力地歸返突擊基地。但是他一歸返，不、回家就碰到伏兵。突擊基地怎麼會有伏兵？想像中是和癩蛤蟆夫婦見面，只要在買賣契約書上蓋章就好了的狀況啊？聽太太一說，是癩蛤蟆夫婦在契約書蓋章的條件上，要求化妝室磁磚和洗手台還有壁紙和地板要更新。

過了一山又一山。大概算一算，要花10萬元左右的工程。30萬元折扣還不夠，還要追加10萬元折扣？回去吧。真的這樣也要賣掉房子嗎，厭煩的懷疑又在腦海裡翻騰。突擊陣地管他去死，把這裡當做陣地過活！

但是太太想法不一樣。公寓建築整體上是老舊不結實，像上次一樣的火災事故不知何時可能會再發生，再怎麼估算，將來此處的地價是停滯在此水準，或是掉得更兇，絕對不會上漲的。所以有人說要買時就賣掉，然後搬

去新家，這樣心念一轉，對我們一家的未來才是更為有利的選擇。

對自己的懷疑實在厭煩，而太太的想法也有道理，結果千東基次長裝成講不贏，決定聽從太太的意思。太太馬上不知打電話到哪裡去，第二天先生的手機傳來「375萬元的契約完成」的訊息。

那天晚上下班，千東基次長展開的重要課題是資產現況檢討。了解一下之前自己和太太合力賺來投資儲蓄起來的錢有多少，這事也不是特別作業了。但是完成房子買賣契約的歷史性日子，和其他時候別有特別的意義是事實。

資產現況檢討並不會花很久的時間，剛好是班長彩排步槍分解結合的間隔。只是每次在做分解結合時，零件數有點增加，步槍變機關槍、機關槍變迫擊炮、迫擊炮變大炮，這點的確不一樣吧。

這中間儲蓄式基金和堵田鼠洞，自用車處分金額，借貸利息節減額，還有太太一起工作所儲蓄的金額是353.2萬元，到現在還沒中途領出管理得好好的，投資年收益率也記錄為9%的變額環球保險的儲蓄金額是145.2萬元，升遷隨之而來的給薪加給儲蓄額為92.6萬元，還有扣掉生活費的主要支出金額是180萬元等。

這裡加上18坪公寓的處分金額375萬元，總共786萬元的錢是正資產。這在過去四次結算的監控裡各個確認的資產增加額41.8萬元和104.4萬元，87.2萬元，134.6萬元，最近兩年期間的資產增加額368萬元是變得更多的結果。

第一次接受生涯規劃的時候，比黃金珍貴的軍事資金抓在手裡的正資產是135萬元。在十年間漲到786萬元，算是增加六倍的獲利。

千東基次長擔憂苦思怎樣才能使正資產135萬元不會縮水而可以好好累積，十年前自己的樣子還歷歷在目。可以自負地說我也認真好好活過來了，值得的成功生活，幫我迎向這樣的未來的尹理貞專員的話在耳邊迴響，每兩年對生涯規劃的監控忠實執行得令人感激。

但是千次長還有別的必須要真心感謝的人。就是正在身旁認真按著計算機的太太。他緊緊抓著必須憐惜珍愛地牽好才行的太太的手。沒有這手的話，過去十年怎麼熬得過來？

做錯擔保將定存解掉，接受銀行貸款，連自用車都賣掉的討厭鬼。因為股票飛了13萬元和赤字貸款25萬元都飛了還不夠，連30萬元都親手奉獻給不動產詐騙者的元

兒，想改造而潰爛磨裂乾燥的太太的手的前面，千次長自己都慚愧起來了。慚愧而將自己的手在太太的手裡蹭著想要藏起來。

在這漩渦中似乎說了一堆辛苦了、謝謝、對不起、我愛你這類的話。不知是被抹了蜂蜜黏呼呼的話所感動，不然就是將先生從剛才鍋蓋一樣的大手想要藏起來的磨蹭行為誤認為是肌膚之親，太太的眼睛濕潤，而且一直輕輕閉著。

「媽媽，我習題都做好了！」

女兒骨碌碌滾動似的聲音，使正在拍唯美的電影畫面的千束基次長和秋薔薇女士掃興地坐正。算了，時機不對……像要切開似的，孩子輕輕跑到中間破壞的位置。然後在紙上記錄的數字中，指著最下面畫著大圓圈的「786」的數字問。

「這是什麼？」

「嗯，媽媽爸爸到現在為止所賺的錢！」

「786元？」

「不是，786萬元！」

「哇！我們家是大大富翁！」

女兒骨碌碌滾動的聲音跳起來了。從小就接受理財教育，孩子對786萬元所知的價值重量，知道得比較正確一些。是這樣嗎？我想一定是的，好像必須如此一樣，直接尖銳地這樣問。

「這錢將來都要給我嗎？」

「不行！」

千東基次長的嘴裡幾乎反射性地冒出答案，他感覺到將身體半靠在他背後的孩子蠕動的動作。不知是對孩子所說的話有太嚴肅反應的先生有點異常，太太也眼神疑問地看著他。

千次長乾咳了兩下。雖然知道以「不行，現在就給你！」之類的玩笑來扭轉氣氛會好一點，但要讓她知道照估算前進的財富進攻姿勢。

「這錢是媽媽和爸爸老了養老用的。而媽媽爸爸免費供你吃、供你穿、養你、教你不是嗎？所以將來長大要用的錢，用自己的力量賺。

那才真的是你自己的錢！你的錢媽媽爸爸沒辦法動，就像現在你沒辦法動這錢一樣！爸爸的話，懂了嗎？」

「懂！」

孩子恭順地回答。或許是從小接受理財教育的關係，

對父母子女必須區分你我的事實，似乎更加容易接受。但是年紀還小吧，要她全部接受太勉強了。

「那媽媽爸爸要供我吃、供我穿、養我、教我到什麼時候呢？」

這個嘛……心裡是想一輩子。可以的話，也都不要嫁人，將來十年、再十年、然後再十年，想要到死為止都把你放在身邊，供你吃、供你穿、養你，教你。

但是，女兒啊！就像我們一家人必須要離開這個有感情又住慣了的家，移到不遠的新家一樣，必須把你送離開家這小窩的時候一定會來到的。雖然這是件傷心的事，但也是必須欣然接受的變化。

無論時間如何流逝，在其間沒有不變的東西。過去十年裡，你從奶娃變成堂堂小淑女一樣，將來十年的時間裡，你會慢慢脫掉幼小的姿態，變成真正的淑女。

在這期間，守護你的媽媽爸爸也變老了一點，然後最後成為白髮蒼蒼的爺爺奶奶。到那時候，你生了可愛的小孩，逗人的孫子孫女，要告訴年老的媽媽爸爸，我期待著那一天。

但是孩子啊，離那還有很長的時間。媽媽和爸爸和小真你，這樣三個人結合成的家庭，幸福而認真地活過之前

的十年，將來的十年，好一點的話，那之後的十年為止也都在一起，永遠幸福而認真地生活。因此為我們家人十年萬歲！十年後我們家人也要萬萬歲！那再之後的十年後我們也要萬萬萬歲！

喊了太多萬歲嗎？沉默拉長的爸爸，孩子懂了開始替他下結論。

「我懂了，將來不會跟媽媽爸爸要錢。所以你們要供我吃、供我穿、養我、教我很久很久，知道嗎？」

千東基次長心裡吃了一驚，太太那邊似乎也是一樣。兩人都被孩子毫無心機的想法嚇到。這怎麼說都是理財教育太過頭的樣子吧？噴！

但是教出的教育不能退回，只能對厲害的孩子呵呵、哈哈地笑著。

在媽媽爸爸的笑聲裡，馬上孩子的笑聲也參進來了。呵呵！哈哈！嘻嘻！

像沒調好音的樂器一樣，這裡拔尖那裡碰撞的笑聲，在家裡處處散開。同時將此時的18坪空間變成笑聲天地、笑聲海洋。因此千東基次長和太太秋薔薇和小真的身體在笑聲裡浮起來，終於變成魚一樣各自開始自由地游泳。

因愛而拉攏的蝶式，因信賴而推出的仰式，到因希望
而伸展的蛙式，彼此發光而全部都很幸福的笑容，一起游
往十年，或者一百年都會持續似，有力的連接在一起，又
再連接下去。

大都會文化圖書目錄

●度小月系列

路邊攤賺大錢【搶錢篇】	280元	路邊攤賺大錢2【奇蹟篇】	280元
路邊攤賺大錢3【致富篇】	280元	路邊攤賺大錢4【飾品配件篇】	280元
路邊攤賺大錢5【清涼美食篇】	280元	路邊攤賺大錢6【異國美食篇】	280元
路邊攤賺大錢7【元氣早餐篇】	280元	路邊攤賺大錢8【養生進補篇】	280元
路邊攤賺大錢9【加盟篇】	280元	路邊攤賺大錢10【中部搶錢篇】	280元
路邊攤賺大錢11【賺翻篇】	280元	路邊攤賺大錢12【大排長龍篇】	280元

●DIY系列

路邊攤美食DIY	220元	嚴選台灣小吃DIY	220元
路邊攤超人氣小吃DIY	220元	路邊攤紅不讓美食DIY	220元
路邊攤流行冰品DIY	220元		

●流行瘋系列

跟著偶像FUN韓假	260元	女人百分百—男人心中的最愛	180元
哈利波特魔法學院	160元	韓式愛美大作戰	240元
下一個偶像就是你	180元	芙蓉美人泡澡術	220元

●生活大師系列

遠離過敏		這樣泡澡最健康	
—打造健康的居家環境	280元	—紓壓・排毒・瘦身三部曲	220元
兩岸用語快譯通	220元	台灣珍奇廟—發財開運祈福路	280元
魅力野溪溫泉大發見	260元	寵愛你的肌膚—從手工香皂開始	260元
舞動燭光		空間也需要好味道	
—手工蠟燭的綺麗世界	280元	—打造天然相氛的68個妙招	260元
雞尾酒的微醺世界		野外泡湯趣	
—調出你的私房Lounge Bar風情	250元	—魅力野溪溫泉大發見	260元
肌膚也需要放輕鬆		辦公室也能做瑜珈	
—徜徉天然風的43項舒壓體驗	260元	—上班族的紓壓活力操	200元
別再說妳不懂車		—國兩字	200元
—男人不教的Know How	249元		

●寵物當家系列

Smart養狗寶典	380元	Smart養貓寶典	380元
貓咪玩具魔法DIY		愛犬造型魔法書	
—讓牠快樂起舞的55種方法	220元	—讓你的寶貝漂亮一下	260元
我的陽光・我的寶貝—寵物真情物語	220元	漂亮寶貝在你家—寵物流行精品DIY	220元
我家有隻麝香豬—養豬完全攻略	220元	Smart 養狗寶典	250元

●人物誌系列

現代灰姑娘	199元	黛安娜傳	360元
船上的365天	360元	優雅與狂野—威廉王子	260元
走出城堡的王子	160元	殞逝的英格蘭玫瑰	260元

● 禮物書系列

印象花園 梵谷	160元	印象花園 莫內	160元
印象花園 高更	160元	印象花園 竇加	160元
印象花園 雷諾瓦	160元	印象花園 大衛	160元
印象花園 畢卡索	160元	印象花園 達文西	160元
印象花園 米開朗基羅	160元	印象花園 拉斐爾	160元
印象花園 林布蘭特	160元	印象花園 米勒	160元
絮語說相思 情有獨鍾	200元		

● 工商管理系列

二十一世紀新工作浪潮	200元	化危機為轉機	200元
美術工作者設計生涯轉轉彎	200元	攝影工作者快門生涯轉轉彎	200元
企劃工作者動腦生涯轉轉彎	220元	電腦工作者滑鼠生涯轉轉彎	200元
打開視窗說亮話	200元	文字工作者撰錢生活轉轉彎	220元
挑戰極限	320元	30分鐘行動管理百科（九本盒裝套書）	799元
30分鐘教你自我腦內革命	110元	30分鐘教你樹立優質形象	110元
30分鐘教你錢多事少離家近	110元	30分鐘教你創造自我價值	110元
30分鐘教你Smart解決難題	110元	30分鐘教你如何激勵部屬	110元
30分鐘教你掌握優勢談判	110元	30分鐘教你如何快速致富	110元
30分鐘教你提昇溝通技巧	110元		

● 精緻生活系列

女人窺心事	120元	另類費洛蒙	180元
花落	180元		

● CITY MALL系列

別懷疑！我就是馬克大夫	200元	愛情詭話	170元
唉呀！真尷尬	200元	就是要賴在演藝圈	180元

● 親子教養系列

我家小孩愛看書—Happy學習easy go！	220元	天才少年的5種能力	280元
孩童完全自救寶盒（五書+五卡+四卷錄影帶）		3,490元（特價2,490元）	
孩童完全自救手冊—這時候你該怎麼辦（合訂本）		299元	

● 新觀念美語

NEC新觀念美語教室	12,450元（八本書+48卷卡帶）

您可以採用下列簡便的訂購方式：

◎請向全國鄰近之各大書局或上大都會文化網站 www.metrobook.com.tw 選購。

◎劃撥訂購：請直接至郵局劃撥付款。

　帳號：14050529

　戶名：大都會文化事業有限公司

　（請於劃撥單背面通訊欄註明欲購書名及數量）

廣　告　回　函
北區郵政管理局
登記證北台字第9125號
免　貼　郵　票

大都會文化事業有限公司

讀 者 服 務 部 　　收

110台北市基隆路一段432號4樓之9

寄回這張服務卡〔免貼郵票〕
您可以：
◎不定期收到最新出版訊息
◎參加各項回讀優惠活動

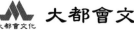
大都會文化　讀者服務卡

書名：**幸福家庭的理財計畫**

謝謝您選擇了這本書！期待您的支持與建議，讓我們能有更多聯繫與互動的機會。
日後您將可不定期收到本公司的新書資訊及特惠活動訊息。

A. 您在何時購得本書：_____年_____月_____日

B. 您在何處購得本書：_____書店，位於_____(市、縣)

C. 您從哪裡得知本書的消息：
　　1.□書店　2.□報章雜誌　3.□電台活動　4.□網路資訊
　　5.□書籤宣傳品等　6.□親友介紹　7.□書評　8.□其他

D. 您購買本書的動機：（可複選）
　　1.□對主題或內容感興趣　2.□工作需要　3.□生活需要
　　4.□自我進修　5.□內容為流行熱門話題　6.□其他

E. 您最喜歡本書的：（可複選）
　　1.□內容題材　2.□字體大小　3.□翻譯文筆　4.□封面　5.□編排方式　6.□其他

F. 您認為本書的封面：1.□非常出色　2.□普通　3.□毫不起眼　4.□其他

G. 您認為本書的編排：1.□非常出色　2.□普通　3.□毫不起眼　4.□其他

H. 您通常以哪些方式購書:(可複選)
　　1.□逛書店　2.□書展　3.□劃撥郵購　4.□團體訂購　5.□網路購書　6.□其他

I. 您希望我們出版哪類書籍：（可複選）
　　1.□旅遊　2.□流行文化　3.□生活休閒　4.□美容保養　5.□散文小品
　　6.□科學新知　7.□藝術音樂　8.□致富理財　9.□工商企管　10.□科幻推理
　　11.□史哲類　12.□勵志傳記　13.□電影小說　14.□語言學習（_____語）
　　15.□幽默諧趣　16.□其他

J. 您對本書(系)的建議：

K. 您對本出版社的建議：

讀者小檔案
姓名：_____　性別：□男 □女　生日：____年____月____日
年齡：1.□20歲以下 2.□21—30歲 3.□31—50歲 4.□51歲以上
職業：1.□學生 2.□軍公教 3.□大眾傳播 4.□服務業 5.□金融業 6.□製造業
　　　7.□資訊業 8.□自由業 9.□家管 10.□退休 11.□其他
學歷：□國小或以下 □國中 □高中／高職 □大學／大專 □研究所以上
通訊地址：_____
電話：（H）_____　（O）_____　傳真：_____
行動電話：_____　E-Mail：_____
◎謝謝您購買本書，也歡迎您加入我們的會員，請上大都會文化網站 www.metrobook.com.tw登錄您
　的資料，您將會不定期收到最新圖書優惠資訊及電子報。

編　　者：柳平昌
譯　　者：林奕如

發 行 人：林敬彬
主　　編：楊安瑜
執行編輯：汪　仁
責任編輯：蔡穎如
美術編輯：洸譜創意設計
封面設計：洸譜創意設計

出　　版：大都會文化事業有限公司　行政院新聞局北市業字第89號
發　　行：大都會文化事業有限公司
　　　　　110台北市信義區基隆路一段432號4樓之9
　　　　　讀者服務專線：（02）27235216
　　　　　讀者服務傳真：（02）27235220
　　　　　電子郵件信箱：metro@ms21.hinet.net
　　　　　網　　　　址：www.metrobook.com.tw
郵政劃撥：14050529　大都會文化事業有限公司
出版日期：2006年5月初版一刷
定　　價：250元
I S B N：986-7651-75-8
書　　號：SUCCESS017

Metropolitan Culture Enterprise Co., Ltd.
4F-9, Double Hero Bldg., 432, Keelung Rd., Sec. 1,
Taipei 110, Taiwan
Tel:+886-2-2723-5216　Fax:+886-2-2723-5220
E-mail:metro@ms21.hinet.net
Web-site:www.metrobook.com.tw

CHEER Up! MY FAMILY
Planning © YIM Sang-Taek
Text © 2005 YOO Pyung-Chang
Illustrated by SONG Kyoung-Mi
All rights reserved.
Chinese complex translation copyright © 2006 by Metropolitan Culture Enterprise Co., Ltd.
Published by arrangements with Woongjin Think Big Co., Ltd.

國家圖書館出版品預行編目資料

幸福家庭的理財計畫 / 柳平昌著；林奕如 譯
——初版.——臺北市：大都會文化, 2006[民95]
　　面：　公分. (Success;17)
譯自：Cheer UP！My Family
ISBN 986-7651-75-8(平裝)
1.家庭經濟 2.理財

421　　　　　　　　　　　　　　95007406

大都會文化
METROPOLITAN CULTURE

大都會文化
METROPOLITAN CULTURE

大都會文化
METROPOLITAN CULTURE